Per Telefon zum neuen Job

BEWERBUNGcompact

Christian Püttjer und *Uwe Schnierda* arbeiten seit 1992 als Trainer und Berater in den Bereichen Karriere, Bewerbung und Rhetorik. Ihre Erfahrungen aus Bewerbungsmappen-Checks, Einzelberatungen und Seminaren haben sie, angereichert durch viele Tipps und Übungen, in zahlreichen Ratgebern veröffentlicht. Von Püttjer und Schnierda erscheinen in der Reihe »Bewerbung compact« bei Campus außerdem die Titel *Schriftliche Bewerbung, Initiativbewerbung* und *Vorstellungsgespräch.*

Christian Püttjer & Uwe Schnierda

Per Telefon
zum neuen Job

Campus Verlag
Frankfurt / New York

Bibliografische Information der Deutschen Bibliothek
Die Deutsche Bibliothek verzeichnet diese Publikation in der Deutschen
Nationalbibliografie. Detaillierte bibliografische Daten sind im Internet
über http://dnb.ddb.de abrufbar.
ISBN 3-593-37532-X

Copyright © 2004 Campus Verlag GmbH, Frankfurt/Main
Umschlaggestaltung: Guido Klütsch, Köln
Satz: Publikations Atelier, Dreieich
Druck und Bindung: Druckhaus Beltz, Hemsbach
Gedruckt auf säurefreiem und chlorfrei gebleichtem Papier.
Printed in Germany

Inhalt

Einleitung

Auch im Internetzeitalter ist das Telefon nach wie vor ein wichtiges Kommunikationsmittel. Schließlich lassen sich mit dem Griff zum Telefonhörer viele Dinge beschleunigen. Schnell ist ein Kontakt zu denjenigen hergestellt, die uns weiterhelfen können, und wenn Informationen fehlen, lassen sie sich kurzfristig mit einem Telefonat beschaffen.

Diese Vorteile des Telefons gelten nicht nur im normalen Arbeitsalltag, sondern auch im Bewerbungsverfahren: Es ist möglich, den Erfolg der eigenen Bewerbung zu beschleunigen. Doch leider wird das Telefon als Bewerbungsinstrument immer noch unterschätzt. Viele Bewerberinnen und Bewerber haben eine große Scheu davor, persönlich aufzutreten und sich selbst ins (Telefon-)Gespräch zu bringen – aus unserer Sicht durchaus verständlich, kostet es doch einige Überwindung und auch einiges an Vorarbeit, um sich am Telefon überzeugend zu präsentieren.

Wer unbedarft beim Wunschunternehmen anruft, wird keine Vorteile erzielen können. Im Gegenteil, schlecht vorbereitete und damit zwangsläufig schlecht geführte Telefongespräche führen nach kurzer Zeit ins Aus. Um sich im Bewerbungsverfahren einen echten Vorsprung gegenüber den Mitbewerbern zu erarbeiten, muss man sich gründlich mit den Regeln des überzeugenden Telefonierens auseinander setzen.

So sollten Sie schon vor einem Anruf geklärt haben, welche Ziele Sie mit dem Telefonat überhaupt verfolgen:

- Sie rufen von sich aus beim Wunschunternehmen an, um sich ins Gespräch zu bringen.
- Sie informieren sich über ein Unternehmen, um zu prüfen, ob eine Bewerbung für Sie infrage kommt.
- Sie reagieren auf eine Stellenanzeige.
- Sie wollen gewappnet sein, wenn das Unternehmen bei Ihnen anruft, um einen ersten Bewerber-Check durchzuführen.

Sie merken schon an dieser Stelle: Es gehört einiges dazu, eine Bewerbung telefonisch zu unterstützen. Abgesehen von den Besonderheiten der verschiedenen Bewerbungssituationen müssen Sie auch wissen, was Sie einem neuen Arbeitgeber überhaupt zu bieten haben und natürlich auch, worauf das Unternehmen besonderen Wert legt. Doch das Wissen um die eigenen Stärken genügt noch lange nicht: Sie müssen sie auch am Telefon vermitteln können. Personalentscheider haben meist wenig Zeit. Wer nicht auf den Punkt kommt, wird schnell abgewimmelt werden.

Wir möchten Ihnen in diesem Ratgeber erläutern, wie Sie das Telefon bei Ihrer Bewerbung erfolgreich einsetzen. Sie erfahren,

- warum Ihr Anruf für Personalverantwortliche ein erster »Persönlichkeitstest« ist,
- wann es sich überhaupt lohnt, bei einer Firma anzurufen,
- wie Sie Ihre beruflichen Stärken erkennen und für ein Telefonat aufbereiten können,
- wie Sie sich in die richtige Stimmung für ein solches Gespräch bringen,
- mit welchen Gesprächsaufhängern Sie starten können,
- welche Informationen Sie liefern müssen,
- wie Sie die Kommunikation mit geschickten Fragen steuern können,
- was Sie mit den neu gewonnenen Informationen anfangen können,

- wie Sie reagieren sollten, wenn die Firma bei Ihnen anruft, um ein Telefoninterview zu führen.

Lassen Sie sich von den zahlreichen Tipps und Praxisbeispielen anregen und profitieren Sie von unserer langjährigen Erfahrung im Training und Coaching von Bewerberinnen und Bewerbern. Sehen auch Sie das Telefon als Teil Ihrer Bewerbungsstrategie. Wir zeigen Ihnen, wie Sie vorgehen sollten, damit Ihre telefonische Bewerbung den gewünschten Erfolg hat!

Bewerben mit der
Püttjer & Schnierda-Profil-Methode

Gesichtslose Bewerber, die wie austauschbar erscheinen, machen es sich und den Unternehmen unnötig schwer, zueinander zu finden. Machen Sie es besser: Sie werden sich im Bewerbungsverfahren mehr Aufmerksamkeit verschaffen, wenn Sie Ihr Profil aussagekräftig und glaubwürdig vermitteln können. Die Profil-Methode, die wir dazu in unserer über zehnjährigen Beratungs-

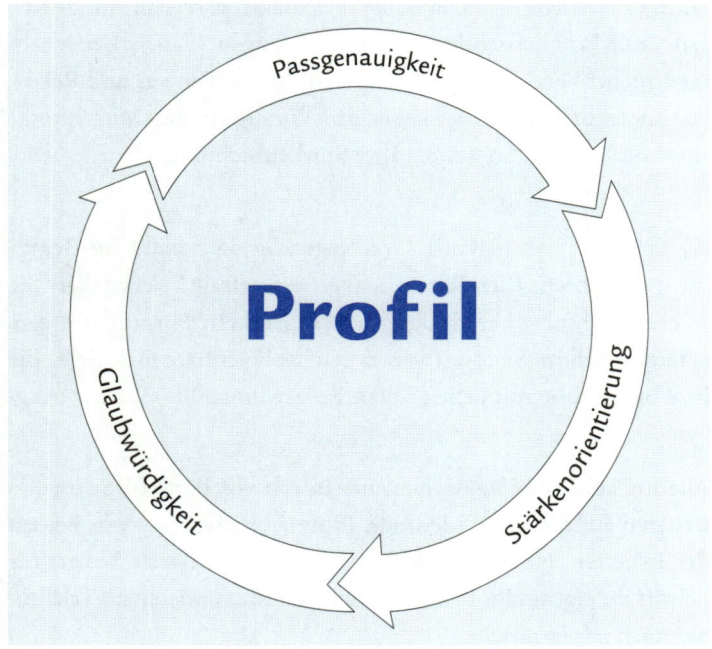

praxis entwickelt haben, hat schon vielen Bewerbern zu mehr Erfolg verholfen (www.karriereakademie.de).

Drei Kernelemente kennzeichnen die Profil-Methode: Punkten Sie mit einer passgenauen Bewerbung, vermitteln Sie Ihre Stärken und treten Sie glaubwürdig auf.

1. Passgenauigkeit: Je besser Sie in Ihrer Bewerbung auf die Anforderungen der Stelle eingehen, desto höher ist Ihre Erfolgsquote. Machen Sie sich den Blick der Personalverantwortlichen zu Eigen. Die Ausgangslage Ihrer Argumentation sollten immer die Anforderungen des Unternehmens und der zu vergebenden Stelle bilden. So wird Ihre Bewerbung passgenau.

2. Stärkenorientierung: Niemand lässt sich durch Krisen- und Problemschilderungen überzeugen – auch Unternehmen nicht! Verzichten Sie deshalb auf Abwertungen und Relativierungen und stellen Sie lieber Ihre Vorzüge in den Mittelpunkt Ihrer Bewerbung. So werden Ihre Stärken sichtbar.

3. Glaubwürdigkeit: Verbiegen Sie sich nicht im Bewerbungsverfahren, Ihre Persönlichkeit ist gefragt! Verstecken Sie sich nicht hinter Leerfloskeln und abstrakten Formulierungen, sondern liefern Sie stattdessen nachvollziehbare Beispiele, die Ihre Bewerbung mit Leben füllen. So gewinnen Sie Glaubwürdigkeit.

Alle im Campus Verlag erschienenen Bücher von Püttjer & Schnierda basieren auf der Profil-Methode. Profitieren auch Sie vom Wissen der Experten. Nutzen Sie diesen Ratgeber dazu, sich Schritt für Schritt Ihr eigenes Profil klarzumachen und es anderen im Telefongespräch zu vermitteln.

1

Telefon: Ihr direkter Draht in die Firma

Zunächst möchten wir Ihnen erläutern, wie vielfältig die Möglichkeiten sind, die Ihnen eine telefonische Bewerbung bietet. Damit Sie das Telefon als hoch effektives Bewerbungsinstrument kennen lernen, stellen wir Ihnen vor, was eigentlich genau unter einer telefonischen Bewerbung zu verstehen ist. Wir gehen auch auf die Sicht der Firmen ein: Wann sind Anrufe von Bewerbern erwünscht? Wann sind sie unverzichtbar?

Das Telefon setzt sich als Mittel der Verständigung zwischen Bewerber und Unternehmen immer mehr durch. Dies spiegelt sich auch in Stellenanzeigen wider, in denen Bewerber direkt oder indirekt aufgefordert werden, sich telefonisch zu melden. Aber nicht nur Stellensuchende treten in telefonischen Kontakt mit Firmen. Auch die Personalverantwortlichen setzen umgekehrt das Telefon ein, um sich ein detaillierteres Bild der Bewerber machen zu können.

Wie die telefonische Bewerbung in der Praxis aussieht und welche konkreten Vorteile sich Bewerber damit erarbeiten können, erfahren Sie anschließend in zwei kurzen Beispielen aus unserer Beratungspraxis. Wir zeigen Ihnen, wie zwei von uns Beratene das Telefon eingesetzt haben, um ihre Bewerbungen voranzutreiben. Zum Abschluss dieses Kapitels werden wir Ihnen die sieben Todsünden bei Telefongesprächen vorstellen, die Sie unbedingt vermeiden müssen, um Erfolg zu haben.

Was ist eine telefonische Bewerbung?

In der Regel reagieren Bewerberinnen und Bewerber auf eine Stellenanzeige in der Tagespresse oder in Jobbörsen im Internet. Man liest die Ausschreibung und macht sich dann daran, die schriftlichen Unterlagen aufzubereiten, zusammenzustellen und auf die Reise zu bringen. Der nächste Schritt, das Vorstellungsgespräch, zielt dann vornehmlich darauf ab zu testen, was für ein »Typ« Sie sind. Denn für die Entscheider spielt neben den fachlichen Qualifikationen auch die Persönlichkeit der Bewerber eine große Rolle. Wie Sie wissen, bekommen aber nur wenige Kandidaten überhaupt die Chance, sich im persönlichen Gespräch zu präsentieren. Daher sollte es für jeden Bewerber von Interesse sein, schon zuvor einmal »Persönlichkeit zu zeigen«. In den schriftlichen Unterlagen gelingt dies selten, und wenn, dann nur zwischen den Zeilen.

Die Besonderheit der telefonischen Bewerbung liegt also darin, dass Sie am Telefon einen persönlichen Eindruck hinterlassen, der ansonsten im Bewerbungsverfahren erst sehr spät, wenn überhaupt, möglich ist. Somit haben Sie mit der telefonischen Bewerbung ein Bewerbungsinstrument an der Hand, mit dem Sie schon frühzeitig durch einen persönlichen Kontakt Sympathie mit Unternehmensvertretern aufbauen können. Sie treten aus der großen, gesichtslosen Menge heraus und sind nicht mehr der anonyme Bewerber, sondern haben nun eine Stimme.

Der Griff zum Telefonhörer hilft jedoch nicht nur, wenn Sie auf Stellenanzeigen reagieren. Viele Unternehmen schreiben gar nicht mehr die offenen Stellen aus – nicht nur in schwierigen Zeiten auf dem Arbeitsmarkt. Man spricht hier von dem so genannten »verdeckten Stellenmarkt«: Stellen werden ohne kostspielige Anzeigenschaltungen besetzt. Das erspart außerdem die arbeitsintensive Prüfung von Bergen eingehender Bewerbungsmappen, denn gerade die Personalabteilung kleinerer Unternehmen kann durch den Ansturm nach einer Stellenanzeige regelrecht lahm gelegt werden.

Nicht wenige Unternehmen warten deshalb einfach auf Bewerber, die von sich aus auf interessante Unternehmen zugehen. Ein Vorteil bei dieser Herangehensweise liegt natürlich auch darin, dass die Personalverantwortlichen nur besonders motivierte Stellensuchende überprüfen müssen – die anderen, die sich keine Mühe geben, den verdeckten Stellenmarkt zu erschließen, bleiben ganz von alleine außen vor. Nutzen Sie das Telefon deshalb nicht nur als Reaktionsmöglichkeit auf Stellenanzeigen, sondern werden Sie aktiv: Bringen Sie sich bei Unternehmen Ihrer Wahl mithilfe eines Telefonates selbst ins Gespräch.

Das ist neu: Viele Firmen verzichten darauf, Stellenanzeigen zu schalten, weil sie davon ausgehen, dass die motiviertesten Bewerber schon selbst auf sich aufmerksam machen. Die telefonische Bewerbung ist dafür bestens geeignet.

Nun haben Sie schon zwei Arten der telefonischen Bewerbung kennen gelernt. Es gibt aber noch eine dritte Einsatzmöglichkeit des Telefons im Bewerbungsverfahren, denn schließlich haben auch die Unternehmen die Vorteile erkannt, die ihnen ein Telefonat mit Bewerbern bietet. Viele Firmen führen Telefoninterviews mit interessanten Kandidaten durch, um den Kreis der letztendlich zu einem Vorstellungsgespräch eingeladenen zu verringern. Da das Unternehmen bei einer Einladung zum Vorstellungsgespräch die Aufwendungen für die Anreise und vielleicht auch die Übernachtung des Bewerbers übernehmen muss, spart das Unternehmen durch dieses frühe »Aussortieren« Kosten.

Für Sie als Bewerber bedeutet diese Unternehmensstrategie, dass Sie optimal vorbereitet sein müssen, denn Sie bleiben nur dann im Bewerbungsverfahren, wenn Sie sich am Telefon gut präsentieren können. Die Chancen hierfür stehen nicht schlecht, schließlich können Sie sich auf die Fragen der Personalverantwortlichen vorbereiten. Außerdem lässt sich ein souveräner Auftritt am Telefon trainieren.

Ob auf der Bewerber- oder auf der Firmenseite: Der Einsatz des Telefons im Bewerbungsverfahren hat zugenommen. Dies ist auch deshalb kein Wunder, da von allen Bewerbern zunehmend kommunikative Fähigkeiten eingefordert werden. Es genügt heutzutage nicht mehr, über umfassendes Spezialistenwissen zu verfügen, sondern Sie müssen es auch anderen im Gespräch vermitteln können.

Wann sollten Sie sich telefonisch bewerben?

Wollen die Verantwortlichen in den Firmen wirklich angerufen werden? Immer wieder hört man von Bewerbern, dass sie am Telefon abgewimmelt wurden oder dass sie gar nicht erst in die Personalabteilungen durchdringen konnten. Es gibt sogar Unternehmen, die in ihren Stellenanzeigen ausdrücklich darauf hinweisen, dass sie auf gar keinen Fall angerufen werden möchten. Hinweise wie »Wir akzeptieren nur schriftliche Bewerbungen.« oder »Bitte sehen Sie von telefonischen Nachfragen ab.« sind unmissverständlich. Aber sie sind kein Grund dafür, die telefonische Bewerbung generell skeptisch zu sehen.

Unternehmen ist nicht gleich Unternehmen. In einigen Firmen sind die Kapazitäten bei der Personalauswahl wirklich so knapp bemessen, dass für die Beantwortung von Fragen am Telefon einfach keine Zeit mehr ist. Manche Unternehmen haben auch schlechte Erfahrungen mit Bewerbern gemacht und möchten in Zukunft auf Telefongespräche mit schlecht vorbereiteten Stellensuchenden verzichten. Seien Sie diesen Firmen gegenüber großzügig: Akzeptieren Sie, dass es wohl dafür Gründe gibt, wenn man nicht mit Bewerbern telefonieren möchte, und haben Sie mit ihnen Nachsicht. Es bleiben schließlich noch genug Unternehmen übrig, die sich über engagierte Bewerber freuen.

In den meisten Stellenanzeigen finden Sie heutzutage jedoch eine Telefonnummer, unter der Sie Kontakt mit dem Unternehmen aufnehmen können. Es gibt sogar Unternehmen, die Sie direkt dazu auffordern, zu Anfang erst einmal den telefonischen Kontakt zu suchen. Andere halten sich etwas bedeckter, geben aber dennoch Hinweise darauf, dass ein (vorbereiteter) Anruf gewünscht ist.

Woran erkennen Sie, dass Sie bei einem Unternehmen anrufen sollten? Wird ein persönlicher Ansprechpartner mit direkter Durchwahl aufgeführt, so ist unmissverständlich ein Telefonkontakt vorab erwünscht. Dies geschieht beispielsweise durch folgenden Zusatz: »Informationen vorab gibt Ihnen Ulrike Meißner unter Telefon 04 44/1 23 45-66«. Es gibt sogar Stellenanzeigen, in denen eine Handynummer genannt wird, damit berufstätige Interessenten auch außerhalb ihrer Arbeitszeit anrufen können.

Nicht immer ist der Hinweis darauf, dass Ihr Anruf erwünscht ist, so eindeutig. Sie können davon ausgehen, dass man Ihnen am Telefon zuhören wird, wenn ein konkreter Ansprechpartner in der Stellenanzeige genannt wird. Auch wenn keine direkte Durchwahl, sondern nur die Nummer der Vermittlung im Unternehmen angegeben ist, lohnt sich ein Anruf. Lassen Sie sich in die Personalabteilung durchstellen oder eine direkte Durchwahl geben.

Etwas mehr Detektivarbeit ist selbstverständlich bei Initiativbewerbungen gefragt. Wenn Sie sich entschlossen haben, den verdeckten Stellenmarkt für sich zu erschließen, ist Ihr Anruf Pflicht! Ausreden gelten hier nicht. Denn einfach Unterlagen loszuschicken in der Hoffnung, dass sie irgendwer schon lesen wird, führt bei Initiativbewerbungen zu nichts. Sie müssen schon einen Kontakt zum Unternehmen herstellen, wenn Sie möchten, dass man sich überhaupt um Ihre Anfrage kümmert.

Selbst wenn Sie schon einen konkreten Ansprechpartner für Ihre Bewerbung gefunden haben, beispielsweise auf Messen, Tagungen oder Kongressen, sollten Sie vor der Versendung Ihrer Initiativbewerbung immer zum Telefonhörer greifen. Denn wenn Sie am Telefon geschickt vorgehen, wird sich dieser Mehraufwand für Sie lohnen. Schließlich fehlt Ihnen ja eine Stellenausschreibung, auf die Sie Ihre Unterlagen ausrichten können. Deshalb sollten Sie vorab mit gezielten Fragen Schwerpunkte der neuen Tätigkeit ermitteln und in Erfahrung bringen, was sich das neue Unternehmen von Bewerbern wünscht. Mit diesen Informationen angereichert hat Ihre schriftliche Bewerbung viel mehr Aussicht auf Erfolg.

▶ **Das sollten Sie sich merken:** Bei einer Initiativbewerbung ist der Anruf im Unternehmen Pflicht! Schließlich brauchen Sie Informationen über freie Stellen, die Anforderungen an neue Mitarbeiter und last but not least auch einen wohlwollenden Ansprechpartner.

Erfahrungen aus der Praxis

Damit Sie eine Vorstellung davon gewinnen, welche Rolle Telefonkontakte im Bewerbungsverfahren spielen können, zeichnen wir für Sie die Herangehensweise von zwei Stellensuchenden nach, die wir beraten haben.

Praxisbeispiel: Claudia Kaldau ist 33 Jahre alt und arbeitet als Bürokauffrau. Sie ist mit dem Arbeitsklima am jetzigen Arbeitsplatz nicht mehr zufrieden, seitdem sie einen neuen Chef hat. Zudem hat sie das Gefühl, in Routine zu ersticken. Sie möchte zukünftig nicht mehr nur die Auftragsabwicklung und Kalkulation betreuen, sondern auch Marketingaufgaben übernehmen und enger mit Kollegen aus anderen Abteilungen zusammenarbeiten. Deshalb studiert sie schon seit einiger Zeit Stellenanzeigen, die ihren beruflichen Wünschen entgegenkommen. Für ihre telefonischen Bewerbungen hat sie einen Fragenkatalog vorbereitet, der ihr dabei hilft zu erkennen, ob sie ihre Vorstellungen bei der neuen Firma umsetzen kann. So fragt sie beispielsweise nach dem Verhältnis von Routineaufgaben zu Projekttätigkeiten in der neuen Stelle.

Gerade wenn man, wie Claudia Kaldau, in ungekündigter Stelle tätig ist, möchte man nicht »vom Regen in die Traufe« kommen. Ein Stellenwechsel will deshalb gut überlegt sein. Frau Kaldau muss sich natürlich Gedanken darüber machen, ob ein Wechsel sie wirklich ihren Wünschen näher bringt, denn sollte sie beim neuen Arbeitgeber ebenfalls vorwiegend mit Routineaufgaben beschäftigt sein, müsste sie sich erneut auf die Suche machen. Um eine neue Stelle besser beurteilen zu können, stellten wir mit ihr eine Liste der Wünsche zusammen, die sie an einen neuen Arbeitsplatz hatte. Ausgehend von dieser Liste ließen sich dann Fragen formulieren, mit denen sie schon vor der schriftlichen Bewerbung in einem Telefongespräch erkunden konnte, ob es berechtigte Hoffnungen auf abwechslungsreichere Aufgaben gab. Durch diese intensive Vorbereitung konnte Frau Kaldau eine Stelle finden, die ihren besonderen Vorstellungen entsprach.

Zwar wird in Stellenanzeigen stets auch das neue Aufgabenfeld umrissen, aber oftmals sind die Angaben dazu recht allgemein gehalten. Insbesondere das Verhältnis, in dem die einzelnen Aufgaben zueinander stehen, lässt sich nicht aus einer Stellenanzeige herauslesen. Hier ist ein vorbereitendes Telefongespräch ideal, um zu erkunden, ob die Wünsche des Unternehmens überhaupt zu den eigenen passen.

Wie man mittels Telefon den verdeckten Stellenmarkt für sich erschließen kann, beschreibt unser nächstes Beispiel.

Praxisbeispiel: Philipp Hülst ist 42 Jahre alt und arbeitet als Regionalleiter im Vertrieb einer Pharmafirma. Sein Unternehmen ist verkauft worden und im Rahmen von Umstrukturierungen wird klar, dass sein Arbeitsplatz wegfallen wird. Herr Hülst möchte sich bei seiner Suche nach einer neuen Stelle nicht allein auf die Angebote aus Zeitungen und Internet-Jobbörsen verlassen. Er will selbst aktiv werden und hat auch schon das eine oder andere Unternehmen im Auge, bei dem er gerne arbeiten würde. Schließlich ist er schon einige Jahre in seiner Branche tätig und weiß, wo es ihm gefallen könnte. Für seine telefonischen Bewerbungen hat er ein Kurzprofil erstellt, mit dem er sich ins Gespräch bringt. Er verweist auf seine Branchenerfahrung, seine Vertriebserfolge und die geleistete Aufbauarbeit in den Vertriebsgebieten.

Wer sich nicht darauf verlassen möchte, dass ihm schon die richtige Stellenanzeige vor die Füße flattern wird, sollte sein Schicksal selbst in die Hand nehmen. Auch Herr Hülst ist von sich aus aktiv geworden und hat mit seiner telefonischen Bewerbung schließlich einen neuen Arbeitgeber gefunden. Bei ihm war es ganz wichtig, ein Kurzprofil seiner beruflichen Stärken zu erstellen, mit dem er Interesse hervorrufen konnte. Schließlich wird sich ein Unternehmen nur dann mit Initiativbewerbern beschäftigen, wenn diese wissen, wo ihre Stärken liegen und wie diese am besten im Unternehmen einzusetzen sind.

Philipp Hülst hat mit einigen Wunschunternehmen seiner Branche telefoniert. Natürlich waren nicht bei allen passende

Stellen frei, aber dass eine Initiativbewerbung Zeit braucht, hat er von vornherein einkalkuliert. Er ist am Ball geblieben und fand schließlich eine Pharmafirma, die mit einer neuen Produktlinie auf den Markt wollte. Für diese Firma waren seine Marktnähe und seine Macherqualitäten bei Produkteinführungen sehr interessant. Der Sprung in die neue Position gelang – nicht zuletzt deshalb, weil Herr Hülst sich für die telefonische Bewerbung entschieden hatte.

Lohnt sich der Aufwand?

Wie Sie an unseren Beispielen gesehen haben, ist die telefonische Bewerbung oftmals unverzichtbar. Die Vorstellungen, die Bewerber von einer neuen Stelle haben, sind ganz unterschiedlich. Es bietet sich daher an, mit dem Personalverantwortlichen am Telefon einen ersten Abgleich zwischen dem eigenen Profil und den Anforderungen der Position durchzuführen. So lässt sich aufseiten der Bewerber manche Enttäuschung vermeiden.

Häufig hören wir von Bewerbern, dass es so mühsam sei, sich zu bewerben. Das stimmt, allerdings wundert man sich doch, dass diejenigen, die am lautesten klagen, lieber Dutzende von Bewerbungen ziellos in alle Winde verstreuen, statt sich auf einzelne ausgewählte Stellen oder Firmen zu konzentrieren. Sie werden mit Ihren Bewerbungen mehr Erfolg haben, wenn Sie konzentriert und zielgerichtet vorgehen. Definieren Sie Ihre Wünsche an das neue Unternehmen, informieren Sie sich, was für den neuen Arbeitgeber wichtig ist, und bringen Sie sich mit Ihren Qualitäten ins Gespräch.

Vergessen Sie nicht, es schadet nicht nur dem Geldbeutel, wenn man sich halbherzig bewirbt: Die Gefahr, dass man von einer Firma den Stempel »uninteressanter Massenbewerber« aufgedrückt bekommt, ist groß. Schnell ist eine Absage kassiert, die auch für die Zukunft die Türen zu diesem Unternehmen zuschlägt. Verschließen Sie nicht die Augen vor der Realität. Ihre Bewerbung wird nur dann Erfolg haben, wenn Sie konzentriert und mit voller Kraft auf Ihre Ziele zusteuern.

Gehen Sie im gesamten Bewerbungsverfahren nach unserer Profil-Methode vor: Bewerben Sie sich passgenau, glaubwürdig und stärkenorientiert. Hierbei ist die telefonische Bewerbung ein erstklassiges Mittel. Stellensuchende, die auf die Wünsche der Unternehmen eingehen wollen, werden zum Telefonhörer greifen, um deren Anforderungen möglichst präzise herauszufinden. Bewerber, die glaubwürdig vermitteln wollen, dass ihre Wechselabsichten ernsthafter Natur sind, zeigen mit einem Anruf das nötige Engagement. Stellenwechsler, die über die wichtige Stärke Kommunikationsfähigkeit verfügen, nutzen die telefonische Bewerbung, um ihre kontaktstarke Persönlichkeit herauszustellen.

Natürlich erfordert die telefonische Bewerbung einen Mehraufwand von Ihnen. Es ist aber günstiger, diesen Mehraufwand für eine erfolgreiche Bewerbung zu leisten, statt den vermeintlich leichten Weg der oberflächlichen Massenbewerbung per Post zu gehen und von Absagen frustriert zu werden. Lohnt sich also der Aufwand für eine telefonische Bewerbung? Ganz klare Antwort: Ja! Allerdings kann ein Telefonat bei unzureichender oder fehlender Vorbereitung auch negative Folgen haben. Um das zu verhindern, zeigen wir Ihnen im folgenden Kapitel die sieben Todsünden, die Sie am Telefon unbedingt vermeiden sollten.

Die sieben Todsünden am Telefon

Von Personalverantwortlichen hören wir stets Klagen darüber, dass Bewerber viel zu selten die Chance nutzen, sich mithilfe eines telefonischen Vorabkontaktes ins Gespräch zu bringen. Selbst wenn eine Firma in einer Stellenanzeige die Durchwahl eines Ansprechpartners angibt, greifen nur circa 10 Prozent aller Bewerber zum Hörer. Fragen wir die Personalprofis dann, ob diese Anrufer überzeugen konnten, ernten wir meist nur ein Kopfschütteln.

Wer nach der Devise handelt: »Ich klingle einfach mal beim Unternehmen durch.« kann es deshalb genauso gut bleiben lassen. Denn ein schlecht oder gar nicht vorbereiteter Anruf ärgert, stiehlt den Firmenvertretern die Zeit und schadet deshalb mehr, als er Ihnen nützt.

Bevor wir Ihnen detailliertere Hinweise zu Ablauf und Einsatzmöglichkeiten von telefonischen Bewerbungen geben, möchten wir Ihnen deshalb noch die sieben Todsünden in Telefonbewerbungen aus der Sicht von Personalverantwortlichen vorstellen:

1. Chaos im Hintergrund,
2. mangelhafte Vorbereitung,
3. nebulöse Vorstellungen,
4. Wortkargheit,
5. Geschwafel ohne Inhalt,
6. Wunsch nach Mitleidsbonus,
7. Arbeitgeberschelte.

Chaos im Hintergrund: Piepsende Telefone mit leeren Akkus, schlechte Verbindungen am Handy, schreiende Kinder, laut laufende Radios oder ein geflüsterter Anruf direkt vom Schreibtisch des momentanen Arbeitgebers: Was man während eines Anrufs bei Freunden und Bekannten vielleicht noch verzeiht, ist bei der telefonischen Bewerbung ein echtes Knock-out-Kriterium. Denn Personalverantwortliche legen das Hintergrundchaos als mangelnden Respekt aus. Schließlich geht es für den Bewerber um seine Zukunft. Wird zwischen Tür und Angel telefoniert, nimmt man dem Stellensuchenden nicht ab, dass seine Bewerbungsbemühungen ernsthafter Natur sind.

Mangelhafte Vorbereitung: Viel zu oft haben Personalverantwortliche den Eindruck, dass Bewerber ins Blaue hinein telefonieren. Dabei gibt es immer Möglichkeiten, sich vor dem Telefongespräch über die Firma zu informieren – sei es auf der Homepage im Internet, durch aufmerksames Lesen der Stellenanzeige oder durch das Anfordern einer Firmenbroschüre. Erwecken Anrufer den Eindruck, dass sie überhaupt nicht wissen, welche Dienstleistungen oder Produkte ein Unternehmen anbietet, laufen sie sofort ins Leere. Denn Zeitdiebe mag man überhaupt nicht in Personalabteilungen! Man erwartet, dass Bewerber sich vor dem Telefonat einen ersten Überblick über das umworbene Unternehmen verschafft haben.

Nebulöse Vorstellungen: Nicht nur, dass Bewerber oft nur sehr wenig über das Unternehmen wissen, ihnen scheint in vielen Fällen auch nicht klar zu sein, in welcher Abteilung oder an welchen Stellen sie denn gut aufgehoben wären. Die Aussage »Ich suche Arbeit.« ist sicherlich ernsthaft gemeint, sie ist in den heutigen Zeiten der extremen Spezialisierung allerdings zu oberflächlich. Personalverantwortliche sind keine Bewerbungsberater. Sie werden Ihnen am Telefon nicht die »große Liste der zu vergebenden Stellen« vorlesen. Wenn der Bewerber nicht weiß, in welchem Arbeitsbereich er seine Stärken sieht, ist ihm von Unternehmensseite auch nicht zu helfen.

Wortkargheit: Leider berichten Personalverantwortliche von Anrufern, die es gerade noch schaffen, ihren Namen zu sagen, nur um dann in das große Schweigen zu verfallen. Dabei sollten Stellensuchende doch eigentlich etwas zu sagen haben. Muss man dem Anrufer jedoch jedes Wort förmlich aus der Nase ziehen, erlischt das Interesse schnell. Auch wenn viele Bewerber Angst haben, etwas Falsches zu sagen: Schweigen ist hier fehl am Platz. Auch wer erst im laufenden Gespräch darüber nachdenkt, wie er sich interessant machen könnte und welche Fragen er eigentlich hat, wird vor den Personalprofis nicht bestehen. Versteckspiele und Einsilbigkeit bringen Sie im Bewerbungsverfahren – und vor allem am Telefon – nicht weiter.

Geschwafel ohne Inhalt: Neben den schweigsamen Zeitgenossen gibt es auch das Gegenstück: die Dauerredner. Diese reden ohne Punkt und Komma in den Hörer hinein. Man hat dann oft den Eindruck, dass sie aus Angst vor Nachfragen so schnell und viel reden. Doch eine Informationsflut kann den Gesprächspartner auch ertränken. Er wird nur noch den Rettungsring suchen, und der heißt »abwimmeln«. Die zarte Pflanze Sympathie wird schnell zerquetscht, wenn Bewerber ohne Struktur drauflosreden. Gerade in Telefongesprächen ist die Aufnahmekapazität begrenzt. Außerdem wollen Personalverantwortliche auch nicht die ganze Lebensgeschichte eines Bewerbers hören. Die wichtigen Fakten müssen im Vordergrund stehen. Unnötiges Füllmaterial, das sowieso nur als Redeschwall durch den Hörer dringt, hat noch keinen Stellensuchenden weitergebracht.

Wunsch nach Mitleidsbonus: Die Strategie, auf die schwierige Situation am Arbeitsmarkt einzugehen, wird keinen Personalverantwortlichen dazu bringen, Ihnen eine Stelle zu geben. Kaum jemand weiß besser als Personalprofis, dass Bewerbungsarbeit kein Zuckerschlecken ist. Natürlich müssen Sie Zeit und Energie aufwenden, um an eine neuen Stelle zu kommen. Und dass es mit Ihrer Motivation in puncto Bewerbung nach den unvermeidlichen Rückschlägen nicht immer zum Besten bestellt ist, ist zwar nachvollziehbar, aber noch lange kein Grund, Ihnen zuzuhören. Ein schlecht vorbereitetes Gespräch lässt sich nicht durch schwierige Lebensumstände entschuldigen. Hoffen Sie deswegen nicht auf einen Mitleidsbonus – erarbeiten Sie sich lieber aktiv Pluspunkte für Ihre Bewerbung.

Arbeitgeberschelte: Viele Mitarbeiter fühlen sich von Zeit zu Zeit an ihrem Arbeitsplatz ungerecht behandelt. Aber ist der Personalverantwortliche des potenziellen neuen Arbeitgebers dafür der richtige Ansprechpartner? Bewerber, die sich über ungerechte Chefs, mobbende Kollegen oder Dauerstress beklagen, erwecken schnell Zweifel beim umworbenen Unternehmen. Wer zu viel über Probleme redet, wird selbst als Problemfall eingeschätzt. Außerdem wird der Personalverantwortliche die Arbeitgeberschelte auch als Angriff auf das eigene Unternehmen verstehen. Wer holt sich schon gerne einen Revoluzzer oder Querulanten ins Haus? Die knappe Zeit, die Sie am Telefon haben, um Interesse zu erwecken, sollten Sie deshalb nicht mit Krisenschilderungen verschwenden.

Sie sehen an unserer Liste der sieben Todsünden, dass Sie einiges bedenken müssen, um mit Ihrer telefonischen Bewerbung zu überzeugen. Damit Sie mit Ihren Telefonaten mehr Erfolg haben, werden wir Ihnen nun vorstellen, was im Einzelnen zu beachten ist. Lassen Sie sich zeigen, was Sie tun können, damit Sie mit Ihren Anrufen ins Schwarze treffen.

2

Persönlichkeitstest am Telefon: Wie steht es um Ihre Soft Skills?

Wenn Sie sich bewerben, ist für Unternehmen nicht nur interessant, ob Sie über das nötige Wissen verfügen, um den neuen Job kompetent ausüben zu können – es ist auch wichtig festzustellen, ob Sie überhaupt ins Unternehmen passen. Schließlich möchte man möglichst vorab wissen, ob sich der oder die Neue gut integrieren lässt. Sie wissen aus Ihrem Berufsleben, wie notwendig es ist, dass in der Abteilung oder im Team alle am gleichen Strang ziehen, damit die anstehenden Aufgaben gemeinsam gelöst werden können.

Für den Bereich der Qualifikationen, die über den rein fachlichen Bereich hinausgehen, wurde im Personalbereich der Begriff Soft Skills geprägt. Da die Bedeutung der Soft Skills im täglichen Arbeitsgeschehen ständig zugenommen hat, ist es kein Wunder, dass Personalverantwortliche schon im Auswahlprozess auf der Suche nach Hinweisen für bestimmte Soft Skills sind.

Was sind Soft Skills?

In der Presse liest man häufig von Soft Skills und wie wichtig sie für die Berufsausübung sind. Wenn wir Bewerberinnen und Bewerber fragen, ob sie wissen, was unter diesem Begriff zu verstehen ist, ernten wir in vielen Fällen nur Achselzucken und Schweigen. Abgesehen von Personalprofis wissen die wenigsten, worum es beim Thema Soft Skills geht und worauf es ankommt. Aufklärung tut also Not.

Das ist neu: Von Bewerbern wird heute mehr verlangt als reines Fachwissen. Personalverantwortliche wollen wissen: Passt er oder sie auch von der Persönlichkeit zu unserem Unternehmen? Die telefonische Bewerbung eignet sich hervorragend, um die Soft Skills möglichst früh ins Spiel zu bringen.

Um zu verstehen, was mit Soft Skills gemeint ist, hilft der Blick in die Stellenanzeigen der Firmen weiter. Eigentlich gibt es heutzutage keine Ausschreibung mehr, in der nicht neben den unverzichtbaren Fachkenntnissen auch persönliche Voraussetzungen der Bewerber, die so genannten Soft Skills, verlangt werden.

Zu den Fachkenntnissen gehören die Kenntnisse aus einer Berufsausbildung oder einem Studium, Wissen aus Fort- und Weiterbildungen und nicht zuletzt Sprach- und EDV-Kenntnisse. Soft Skills lassen sich im Gegensatz zum Fachwissen nicht durch Zeugnisse der Ausbildungsstätten oder der Arbeitgeber belegen. Hier geht es um die Persönlichkeit des Bewerbers: Wie gut er sich ins Team integrieren kann, wie es um seine Überzeugungskraft bestellt ist, ob er sich durchsetzen kann und wie er mit Kritik umgeht. Die entsprechenden Schlagworte zu diesen Anforderungen haben Sie garantiert schon gelesen oder gehört: Man sucht Mitarbeiter, die teamfähig, leistungsbereit, flexibel, kommunikationsstark, eigenmotiviert oder dynamisch sein sollen. Deswegen werden Soft Skills auch als außerfachliche Fähigkeiten, soziale Kompetenzen oder Persönlichkeitsfaktoren bezeichnet.

Dass es sich bei den Anforderungen an die Soft Skills nicht um eine bloße Modeerscheinung handelt, zeigt die Ausgestaltung moderner Arbeitsplätze. In den letzten Jahren ist es immer wichtiger geworden, sich mit anderen abzustimmen, Informationen einzuholen, eigene Ideen anderen zu erklären, sie mitzureißen und dabei das Wohl des Unternehmens nicht aus dem Auge zu verlieren. Die einzelnen Unternehmensbereiche und Abteilungen sind heutzutage viel stärker miteinander verzahnt als früher. Deswegen müssen Techniker mit Marketingspezialisten reden können, Konstruktion und Vertrieb eine gemeinsame Linie fahren und Controller ihre Analysen für die Entscheidungsträger aufbereiten.

Es ist also keine unnötige Schikane vonseiten der Personalverantwortlichen, wenn sie Soft Skills einfordern. Im Gegenteil: Die Persönlichkeit eines Mitarbeiters wird eine immer größere Rolle bei der täglichen Arbeit spielen. Daher sollten Sie bei Ihrer Bewerbung die Maxime von Personalverantwortlichen »Wir stellen keine Wissensspeicher ein, sondern Menschen, die sich im Berufsalltag bewähren müssen!« berücksichtigen.

Bei der Darstellung der eigenen Soft Skills tun sich Bewerber in der Regel aber doch schwer. Wie soll man in einem Anschreiben deutlich machen, dass man den nötigen Biss für die zu erledigenden Aufgaben mitbringt? Wie lässt sich in einem Lebenslauf darstellen, dass man teamfähig ist? Auch – oder gerade – Personalverantwortliche wissen, dass Papier geduldig ist. Behaupten lässt sich viel, insbesondere dann, wenn die Firma nicht direkt überprüfen kann, ob die getroffenen Aussagen auch zutreffen.

An dieser Stelle kommen die Vorteile der telefonischen Bewerbung wieder ins Spiel: Für Personalverantwortliche ist der direkte persönliche Kontakt mit den Bewerbern ein erster Soft Skill-Test. Stellensuchende können mit geschickter Gesprächsführung ihr Potenzial an Soft Skills deutlich machen – oder aber Zweifel an ihrer persönlichen Eignung wecken, indem sie am Telefon zu blauäugig agieren.

Soft Skill-Check am Telefon

Damit Sie sich eine bessere Vorstellung davon machen können, wie Telefongespräche als erster Soft Skill-Check eingesetzt werden, stellen wir Ihnen jetzt vor, was Personalverantwortliche aus den Äußerungen von Bewerbern am Telefon heraushören. Lesen Sie in der Übersicht *Verständnisprobleme* zuerst, was Bewerber tatsächlich sagen, und dann, wie Personalprofis diese Worte übersetzen.

Verständnisprobleme

Das sagen unvorbereitete Bewerber:	**Das verstehen Personalverantwortliche:**
»Lohnt es sich für mich, Ihnen eine Bewerbung zu schicken?«	»Sagen Sie mir, was ich tun soll, kümmern Sie sich um mich, ich selbst kann es nicht.« ➜ *Fehlende Selbstständigkeit*
»Ich suche aus persönlichen Gründen eine Stelle in Ihrer Region.«	»Der Job ist mir egal, Hauptsache, ich arbeite in der Nähe meiner/meines Liebsten.« ➜ *Mangelnde Arbeitsmotivation*
»Ich wollt' mal fragen, ob Sie etwas für mich haben.«	»Wo meine beruflichen Stärken liegen, weiß ich selbst nicht.« ➜ *Fehlende Selbstreflexion*

»Mein Vorgesetzter unterstützt mich nicht angemessen.«	»Ich brauche für alles eine 120-prozentige Anleitung« → *Nicht fähig zum eigenständigen Arbeiten*
»In meiner jetzigen Firma legen mir die Kollegen Steine in den Weg.«	»Ich bin unfähig, mich in ein Team zu integrieren.« → *Nicht teamfähig*

Zu den Problemen, die durch missverständliche Aussagen auftreten, kommen noch Schwierigkeiten beim individuellen Gesprächsstil. Anrufer, die ihre Gesprächspartner nicht zu Wort kommen lassen oder ständig unterbrechen, verfügen in den Augen von Personalverantwortlichen nicht über das wichtige Soft Skill Kommunikationsfähigkeit. Bewerber, die sich die ganze Zeit infrage stellen und ihre Leistungen abwerten, haben es ebenfalls schwer. Ihnen wird man unterstellen, dass sie schnell überfordert sind – auch das ist natürlich keine Empfehlung. Schließlich gibt es noch die Gruppe der Kandidaten, die zur Selbstbeweihräucherung neigt. Wer am Telefon behauptet, der Einzige zu sein, der »den Laden am Laufen hält«, leidet offenbar an maßloser Selbstüberschätzung. Über das wichtige Soft Skill Anpassungsfähigkeit verfügen diese Kandidaten mit Sicherheit nicht.

Natürlich lässt sich der Soft Skill-Test am Telefon auch in Ihrem Sinne gestalten. Mit gründlicher Vorbereitung und ein wenig Übung können Sie sich auch die feinen Ohren der Personalverantwortlichen zunutze machen. Formulieren Sie so, dass vor Ihrem Zuhörer am anderen Ende der Leitung das Bild eines kompetenten, leistungsbereiten und zupackenden zukünftigen Mitarbeiters entsteht. Vorbereitete Bewerber nutzen die Möglichkeiten der telefonischen Bewerbung und setzen sich mit geeigneten Formulierungen positiv in Szene, wie Sie aus der nachfolgenden Übersicht ersehen können.

Soft Skill-Test bestanden

Das sagen vorbereitete Bewerber:	Das verstehen Personalverantwortliche:
»Auf Ihrer Homepage habe ich mich über Ihre Firma informiert.«	»Ich überlasse meine berufliche Entwicklung nicht dem Zufall.« → *Eigeninitiative und Engagement*
»Neben dem Tagesgeschäft habe ich auch Sonderaufgaben übernommen.«	»Ich packe mit an, wenn es etwas zu tun gibt.« → *Ausgeprägte Leistungsbereitschaft*
»Für die Position bringe ich Erfahrungen in ... und ... mit.«	»Ich weiß, worauf es in der neuen Stelle ankommt.« → *Realitätssinn*
»Zusammen mit den Kollegen habe ich neue Arbeitsabläufe eingeführt.«	»Ich arbeite gerne in der Gruppe und sorge dafür, dass alles rund läuft.« → *Teamfähig*

»Meine Vorschläge in der Kundenbetreuung fanden großen Anklang.«

»Ich kann andere für Neues begeistern.«

→ *Motivationsfähig*

Sie werden zugeben, dass diese Positivbeispiele für Selbstbeschreibungen am Telefon doch eine ganz andere Wirkung hinterlassen als die Negativbeispiele. Personalverantwortliche sind sehr hellhörig, wenn sie die Chance sehen, Informationen zur Persönlichkeit des Bewerbers zu bekommen. Seien Sie sich deshalb darüber im Klaren, dass aus Ihrer Art, wie Sie sich im Telefongespräch darstellen, immer Rückschlüsse auf Ihre Soft Skills gezogen werden. Ihre Persönlichkeit ist ein wichtiger Faktor im Bewerbungsverfahren: Sie müssen lernen, das eigene Profil richtig an den Mann oder die Frau zu bringen. Nur dann umgehen Sie die Fallstricke der telefonischen Bewerbung und bestehen den Soft Skill-Test am Telefon.

▶ **Vorsicht Falle!** Da man aus Ihrem Verhalten Rückschlüsse auf Ihre Soft Skills zieht, sollten Sie sachlich und besonnen bleiben, falls man Sie provozieren oder einschüchtern will.

Überzeugender Erstkontakt

Die telefonische Bewerbung bietet Ihnen eine gute Möglichkeit, Ihre Soft Skills schon zu einem frühen Zeitpunkt ins Auswahlverfahren einzubringen. Nicht ohne Grund gilt bei den meisten Personalprofis der Leitsatz: »Fachliche Defizite lassen sich ausgleichen, persönliche Defizite nicht.« Durch gezieltes Training kann man Mitarbeiter beispielsweise mit einer neuen Software vertraut machen. Es ist auch üblich, dass neue Mitarbeiter in Produktschulungen mit den Angeboten des Unternehmens vertraut gemacht werden. Fachwissen lässt sich also durchaus auf- und ausbauen.

Schwierig wird es, wenn der neue Mitarbeiter keinerlei Lernbereitschaft zeigt, nicht bereit ist, sich für die Firma zu engagieren, oder so demotiviert ist, dass er sowieso nur das Allernotwendigste tut. Basis für die Weiterentwicklung von Mitarbeitern ist jedoch die grundsätzliche Bereitschaft jedes Einzelnen, sich überhaupt weiterbilden zu lassen. Ist dies nicht gegeben, laufen alle Maßnahmen ins Leere. Da Personalverantwortliche dies wissen, achten sie bei Personalentscheidungen ganz besonders auf die Soft Skills. Denn nur so können sie sicherstellen, dass sich ein neuer Mitarbeiter optimal ins Unternehmen integrieren lässt.

Ihr Ziel sollte daher sein, der Unternehmensseite so früh wie möglich zu signalisieren, dass Sie über die gewünschten Soft Skills verfügen. Setzen Sie sich deshalb rechtzeitig mit dem Telefon als Bewerbungsinstrument auseinander, denn am Telefon können Sie viel besser persönliche Fähigkeiten thematisieren. Bei der ausschließlich schriftlichen Bewerbung haben Sie diese Möglichkeit nicht, sondern müssen darauf vertrauen, dass Sie eine Einladung zum Vorstellungsgespräch erhalten, um sich dann endlich persönlich präsentieren zu können. Denn die Persönlichkeit eines Bewerbers lässt sich nur indirekt aus den schriftlichen Unterlagen herauslesen.

Nachdem Sie nun wissen, warum Soft Skills eine so große Rolle im Bewerbungsverfahren spielen, werden wir Ihnen im folgenden Kapitel erläutern, wie Sie Ihre Soft Skills erkennen und Personalverantwortlichen überzeugend näher bringen können. Dabei werden wir aber nicht stehen bleiben, denn natürlich sind auch Ihre Fachkenntnisse für die Firmen von Bedeutung. Durchleuchten Sie Ihren Erfahrungsschatz, um fachlich und persönlich zu überzeugen.

3

Stärken erkennen:
Sie haben viel zu bieten

Eine überzeugende telefonische Bewerbung bedarf der gründlichen Auseinandersetzung mit Ihren Vorlieben und Stärken. Schließlich ist jeder Wechsel eine Chance, sich neu zu orientieren. Dies wird Ihnen aber nur dann gelingen, wenn Sie wissen, was Sie gut können und mit welchen Aufgaben Sie sich zukünftig beschäftigen möchten. Es hilft Ihnen nicht weiter, sich einfach wahllos zu bewerben, denn sonst tauchen am neuen Arbeitsplatz nach kurzer Zeit die gleichen Probleme wie am alten auf.

Die Frage nach Ihren Stärken gehört nicht umsonst zum Standardrepertoire jedes Personalprofis. Denn nur derjenige, der sich mit sich selbst – seinen Stärken und auch seinen Schwächen – auseinander gesetzt hat, kann aus Sicht der Personalverantwortlichen seine berufliche Entwicklung zielgerichtet vorantreiben. Aber nicht nur für die Unternehmensseite sind Ihre Stärken von besonderer Bedeutung, sondern auch für Sie, denn das Bewusstsein der eigenen Stärken ist immer gut für das Selbstbewusstsein. Es gibt nichts Schlimmeres als zu glauben, dass man nichts Besonderes zu bieten habe. Verschaffen Sie sich eine solide Basis für die telefonische Bewerbung, indem Sie jetzt Ihren individuellen Soft Skills und Ihrem fachlichen Know-how nachspüren.

Erkennen Sie Ihre Soft Skills

Personalprofis werden Sie mit Ihren persönlichen Eigenschaften nur dann beeindrucken, wenn Sie diese anhand von Beispielen aus Ihrem Berufsleben festmachen können. Daher sollten Sie sich einige berufliche Aufgaben überlegen, an denen Ihre Soft Skills deutlich zu erkennen sind. Jeder Mensch hat in seinem Arbeitsleben schon mit Aufgabenstellungen zu tun gehabt, die ihm leichter von der Hand gingen, und mit solchen, bei denen es schwieriger war. Richten Sie Ihren Blick auf die positiven Seiten des Berufslebens: Betrachten Sie Ihre berufliche Entwicklung und überlegen Sie sich, welche Fertigkeiten Ihnen bei der täglichen Arbeit, aber auch bei Sonderaufgaben geholfen haben.

Analysieren Sie, welche Arbeitsweisen Ihnen liegen, wie Sie die Zusammenarbeit mit anderen gestalten und wie Sie an Probleme herangehen. Dabei sind nicht nur Beispiele aus Ihrer momentanen Tätigkeit gefragt, sondern Sie können sich auch auf frühere Stellen oder sogar auf die Ausbildungszeit beziehungsweise das Studium beziehen. Sammeln Sie in einem ersten Schritt Ihre Soft Skills, bevor Sie daran gehen, diejenigen auszuwählen, die für neue Arbeitgeber besonders interessant sein könnten. Damit Sie bei der Sichtung Ihres Potenzials nicht im Dunkeln tappen, können Sie unsere nachfolgende Übersicht durchgehen. So kommen Sie Ihren Soft Skills systematisch auf die Spur.

Auf der Suche nach Soft Skills

Beantworten Sie diese Fragen mit Ja oder Nein:	Diese Soft Skills stehen dahinter:
»Können Sie Arbeitsaufgaben selbst strukturieren?«	selbstständiges Arbeiten
»Unterstützen Sie gern andere bei der Arbeit?«	Hilfsbereitschaft

»Macht es Ihnen nichts aus, an wechselnden Einsatzorten tätig zu sein?«	Mobilität
»Können Sie unter hohem Erfolgsdruck arbeiten?«	Belastbarkeit
»Arbeiten Sie gern konzeptionell und strategisch?«	Konzeptionsstärke
»Fällt es Ihnen leicht, sich in neue Aufgabengebiete einzuarbeiten?«	Flexibilität
»Können Sie sich schnell auf unterschiedliche Menschen einstellen?«	Einfühlungsvermögen
»Werden Sie in einer Gruppe als Leiter anerkannt?«	Führungsstärke
»Künmmern Sie sich aktiv um Ihre Weiterbildung?«	Lernbereitschaft
»Können Sie Gespräche in Ihrem Sinne steuern?«	Kommunikationsgeschick
»Geben Sie auch bei Gegenwind nicht so leicht auf?«	Durchhaltevermögen
»Setzen Sie sich in Verkaufsverhandlungen durch?«	Abschlusssicherheit
»Behalten Sie die Kosten im Blick?«	unternehmerische Kompetenz
»Geben Sie Impulse für neue Entwicklungen?«	Eigeninitiative

»Beraten Sie gern andere?«	Serviceorientierung
»Arbeiten Sie gerne mit anderen zusammen?«	Teamfähigkeit

Gewiss haben Sie einige Fragen mit Ja beantwortet. Aber kann man Ihnen diese Aussage einfach glauben? Finden Sie in einem nächsten Schritt für alle Aussagen, die Sie mit Ja beantwortet haben, mindestens ein Beispiel aus Ihrem Berufsalltag, das diese Fähigkeit belegt. Damit Sie sehen, wie sich die Übersicht der Fragen nutzen lässt, um die eigenen Soft Skills zu erkennen und anhand konkreter Arbeitssituationen zu belegen, geben wir Ihnen nun ein Beispiel.

Praxisbeispiel: Ein kaufmännischer Mitarbeiter, der sich mit den aufgeführten Fragen auseinander gesetzt hat, erkennt als seine Stärken die Soft Skills Serviceorientierung, Teamfähigkeit und Kommunikationsgeschick. Die entsprechenden Fragen hat er nicht nur mit Ja beantwortet, sondern sich auch gleich die folgenden Begründungen aus dem Arbeitsalltag überlegt:

Serviceorientierung: »Als Mitarbeiter im Vertriebsinnendienst bin ich für die Unterstützung der Vertriebsmannschaft zuständig. Ich helfe Vertretern bei der Beantwortung von Fragen zu technischen Details und übernehme für sie die Auftragskalkulation.«

Teamfähigkeit: »Neben der Zusammenarbeit mit dem Außendienst arbeite ich auch eng mit dem Service und dem Marketing zusammen. In regelmäßig stattfindenden Teamsitzungen stimmen wir uns ab.«

Kommunikationsgeschick: »In der Kundenbetreuung geht es darum, den Kunden das Gefühl zu geben, gut aufgehoben zu sein. Deshalb frage ich genau nach, was jedem einzelnen Kunden wichtig ist und stelle ihm dann die Angebote unserer Firma vor.«

Sie haben anhand unseres Beispiels gesehen, worauf es ankommt. Nun sind Sie wieder gefordert: Finden auch Sie für mindestens drei Ihrer Soft Skills aussagekräftige Beispiele aus Ihrer Berufspraxis.

Benennen Sie Ihr Fachwissen

Leider haben nicht nur wir in unserer Beratungspraxis, sondern auch Personalverantwortliche den Eindruck, dass viele Bewerber sich am liebsten hinter ihrer Berufsbezeichnung verstecken möchten. Die meisten haben ihr Fachwissen aus der Ausbildung, dem Studium, den Arbeitsverhältnissen und aus Fort- und Weiterbildungen aus den Augen verloren. Dies ist schade, denn schließlich ist mehr an Wissen vorhanden, als man bei der täglichen Arbeit einsetzen muss. Doch viele Berufstätige müssen schon passen, wenn sie gebeten werden, die Kenntnisse genau darzustellen und zu benennen, die sie tagtäglich nutzen, um ihre beruflichen Aufgaben zu bewältigen. Die Routine ist ihnen so in Fleisch und Blut übergegangen, dass sie ihr Fachwissen als selbstverständlich und nicht weiter erwähnenswert ansehen.

Im Bewerbungsverfahren müssen Sie aber Ihr Fachwissen erläutern können. Schließlich ist eine Darstellung Ihrer beruflichen Kenntnisse bei einer telefonischen Bewerbung unabdingbar, um ein erstes Interesse erwecken zu können. Genauso wie Sie Ihre Stärken im Soft Skill-Bereich kennen müssen, ist es auch wichtig, die individuellen fachlichen Stärken benennen zu können. Machen Sie sich nun daran, Ihr Fachwissen zu erkunden:

Richten Sie den Blick zurück und beginnen Sie mit Ihrer Ausbildung oder dem Studium, gehen Sie dann weiter zu Ihrer Einstiegsposition, und von da aus bis zu Ihrem heutigen Arbeitsplatz. Vergessen Sie nicht zu fixieren, was Sie sich darüber hinaus an Wissen in Fort- und Weiterbildungen angeeignet haben. Auch in der Freizeit erworbenes Wissen, wie EDV- und Sprachkenntnisse, gehört in die Auflistung Ihres Fachwissens. Damit Sie einen Eindruck davon bekommen, wie umfangreich eine Sammlung von Fachwissen sein kann, geben wir Ihnen zur Orientierung ein Beispiel.

Praxisbeispiel: Bei einer kaufmännischen Assistentin könnte die Sammlung ihres Fachwissens so aussehen:

Kenntnisse aus der Ausbildung:	Disposition, Rechnungswesen, Absatzplanung
Kenntnisse aus der Einstiegsposition:	Erstellung von Präsentationsunterlagen, Datenbankpflege, Buchhaltung
Kenntnisse aus der zweiten Stelle:	Einkauf und Beschaffung, Rechnungswesen
Kenntnisse aus der heutigen Position:	Rechnungslegung, Auftragskalkulation, Vorbereitung der Jahresabschlüsse
Kenntnisse aus der Weiterbildung:	Kostenrechnung, Betriebsstatistik
EDV-Kenntnisse:	Word, PowerPoint, Excel, Lotus Notes, Outlook, Access
Sprachkenntnisse:	Englisch und Spanisch

Auch Sie werden am Ende überrascht sein über Ihren großen Schatz an Fachwissen. Nehmen Sie sich genügend Zeit, um Ihre bisherigen Tätigkeiten auf das dahinter stehende Fachwissen zu durchleuchten. Arbeiten Sie sich von der Ausbildung oder dem Studium schrittweise bis zur momentanen Stelle vor und berücksichtigen Sie dazu alle Zeugnisse, Arbeitsunterlagen und sonstigen schriftlichen Unterlagen, um Ihre Liste fachlicher Stärken zu komplettieren.

Mit Ihrer persönlichen Sammlung von Soft Skills und Fachkenntnissen haben Sie sich nun eine stabile Basis für die telefonische Bewerbung erarbeitet. Jetzt zeigen wir Ihnen, wie Sie Ihre Soft Skills und Ihr Fachwissen in Argumente für Ihre Einstellung verwandeln können. Dazu sollten Sie versuchen, die Perspektive der Unternehmensseite einzunehmen.

Liefern Sie Argumente für Ihre Einstellung

Wer seine Stärken im Soft Skill-Bereich erkannt und sich sein Fachwissen erschlossen hat, hält Überzeugungsmaterial für die telefonische Bewerbung in der Hand. Diese persönlichen und fachlichen Stärken müssen nun für Personalverantwortliche nachvollziehbar aufbereitet werden. Vergessen Sie nicht, dass Ihr Ansprechpartner Sie noch nicht bei Ihrer täglichen Arbeit beobachten konnte. Deshalb sollten Sie mit Worten darstellen können, in welchen Bereichen Sie besonders gut sind.

Die von Ihnen herausgefundenen Stärken müssen Sie dem Personalverantwortlichen so schildern, dass er darin Argumente für Ihre Einstellung sehen kann. Dabei ist zu bedenken, dass bei einer telefonischen Bewerbung eine knappe und präzise Argumentation gefragt ist, denn die Aufmerksamkeitsspanne ist bei einem Anruf recht kurz. Sie dürfen deswegen am Telefon keine langatmigen Erzählungen abliefern. Wenn Sie es nicht schaffen, auf den Punkt zu kommen, wird Ihr Zuhörer mit seinen Gedanken nach kurzer Zeit abschweifen oder Sie kurzerhand abwimmeln.

Aus diesen Gründen bietet es sich an, Sätze mit einer hohen Informationsdichte zu formulieren. Sowohl Soft Skills als auch Fachwissen lassen sich prägnant darstellen, ohne dass Sie zu weit ausholen müssen. In beiden Fällen bringt Sie eine möglichst berufsnahe Darstellung weiter. Bei Ihrer Schilderung sollten Sie darauf achten, dass Sie beide Bereiche, also die Soft Skills und das Fachwissen, thematisieren. Lassen Sie Ihr gesamtes Potenzial aufblitzen, indem Sie in Ihren Argumenten Ihre persönlichen Stärken mit denen Ihres Fachwissens koppeln. Wie das aussehen könnte, zeigt Ihnen die Übersicht *Telefonische Überzeugungsarbeit*.

Telefonische Überzeugungsarbeit

Das sagen vorbereitete Bewerber:	**Das verstehen Personalverantwortliche:**
»In der Auftragskalkulation und der Absatzplanung verfüge ich über gute Kenntnisse. Ich unterstütze den Außendienst mit der Aufbereitung betrieblicher Daten.«	*Fachwissen:* Der Bewerber hat die Auftragskalkulation und die Absatzplanung im Griff. *Soft Skills:* Seine Serviceorientierung als interner Dienstleister ist stark ausgeprägt.
»Die Planung und Durchführung logistischer Prozesse gehören zu den Hauptaufgaben an meinem Arbeitsplatz. Bei meinen europaweiten Einsätzen hel-	*Fachwissen:* Der Bewerber ist ein Logistikexperte mit verhandlungssicheren Englischkenntnissen. *Soft Skills:* Mobilität und Belastbarkeit gehören zu

fen mir meine guten Englischkenntnisse.«	seinen persönlichen Stärken.
»Meine Kenntnisse aus der Marktforschung habe ich in Werbekampagnen eingebracht. Die Agentursteuerung gehörte dabei mit zu meinen Aufgaben.«	*Fachwissen:* In der Marktforschung verfügt der Bewerber über gute Kenntnisse. *Soft Skills:* Der Bewerber beherrscht den Theorie-Praxis-Transfer. Er ist umsetzungsstark.

▶ **Vorsicht Falle!** Bedenken Sie, dass Personalverantwortliche auf Ihrem Berufsfeld Laien sind. Achten Sie deshalb darauf, dass auch ein Berufsfremder Ihren Ausführungen folgen kann.

Üben auch Sie sich in der Kunst der knappen, aber informativen Kommunikation. Nehmen Sie noch einmal Ihre Soft Skill-Auflistung mit den dazugehörigen Beispielen aus der Berufspraxis und die Liste, in der Sie Ihr Fachwissen erfasst haben, zur Hand, und überlegen Sie sich eigene Formulierungen. Damit werden Sie einen entscheidenden Schritt weiterkommen – schließlich haben Sie sich auf diese Weise Einstellungsargumente aus Unternehmenssicht erarbeitet. Für Ihre telefonische Bewerbung ist dies eine exzellente Vorbereitung.

4

Selbstpräsentation:
So stellen Sie sich vor

Wenn Sie im Rahmen einer Bewerbung bei einer Firma anrufen, möchten Sie sich als möglichen neuen Mitarbeiter vorschlagen. Genauso wie Sie sich mit einer schlechten Präsentation Türen zuschlagen, können Sie sich mit einer guten Selbstdarstellung Wege ins Unternehmen öffnen. Wie Sie schon wissen, ist eine der großen Todsünden von unvorbereiteten Bewerbern am Telefon, dass sie einfach drauflosreden. Personalverantwortliche klagen daher, dass sich nur aus den allerwenigsten Telefonaten mit Bewerbern verwertbare Erkenntnisse ergeben. Aber gerade darauf sind Personalverantwortliche angewiesen, denn schließlich müssen sie entscheiden, ob sie mit einem für das Unternehmen geeigneten Bewerber geredet haben. Daraus folgt, dass Sie Inhalte liefern müssen, die es Ihrem Gesprächspartner erlauben, Ihr berufliches Profil einzuschätzen. Diese Inhalte, die Sie dem Personalverantwortlichen am anderen Ende der Leitung »schuldig« sind, nennen wir Selbstpräsentation.

> **Das ist neu:** Bewerber müssen in einer telefonischen Bewerbung von sich aus einen Abriss ihres Könnens geben. Personalverantwortliche erwarten eine aussagekräftige Selbstpräsentation als Gesprächsinput.

In der Selbstpräsentation geht es darum, mit wenigen, aber aussagekräftigen Sätzen das eigene Fachwissen und die eigenen Soft Skills darzustellen. Ihre Selbstpräsentation muss passgenau, glaubwürdig und stärkenorientiert sein, damit sie Ihnen wirklich weiterhilft. Die Argumente für eine Einstellung, die Sie im letzten Kapitel herausgefunden haben, werden Sie gut bei der Erstellung Ihrer Selbstpräsentation nutzen können. Doch es gibt noch mehr zu beachten.

Wichtig ist es außerdem, aus der Perspektive des umworbenen Unternehmens zu argumentieren. Je klarer Sie herausarbeiten, dass Sie die neuen Aufgaben auch tatsächlich bewältigen können, desto größer sind Ihre Chancen. Neben dem Zuschneiden der Selbstpräsentation auf unterschiedliche Unternehmen und eventuell auch unterschiedliche Stellen, müssen Sie Ihre Argumente auch noch richtig verpacken. Wie sollten Sie formulieren, um eine positive Wirkung zu erzielen? Was müssen Sie erwähnen und was darf auf keinen Fall auftauchen?

Wir stellen Ihnen Überzeugungsregeln vor, damit Sie sich das notwendige rhetorische Geschick aneignen können. Schließlich geht es noch um die Frage des optimalen Zeitpunktes im Telefongespräch, um die Selbstpräsentation an den Mann beziehungsweise an die Frau zu bringen. Sie können ja nicht einfach mit der Tür ins Haus fallen.

Wir wissen aus unserer langjährigen Beratungspraxis, dass eine gut aufgebaute Selbstpräsentation, die zum richtigen Zeitpunkt eingesetzt wird, sehr wirkungsvoll ist. Lernen Sie deshalb im Vorfeld, wie Sie sich selbst am Telefon präsentieren können. Dann werden Sie nie mehr zum Hörer greifen müssen, ohne zu wissen, was Sie eigentlich sagen wollten. Mit Ihrer guten Vorbereitung steigt die Bereitschaft von Personalverantwortlichen, Ihnen konzentriert zuzuhören. Und mit der überzeugenden Darstellung Ihres Profils werden Sie Personalverantwortliche auch für sich einnehmen können.

Ihre Visitenkarte durchs Telefon

Für Sie sollte es jetzt darum gehen, eine kurze Beschreibung Ihres beruflichen Profils zu erstellen. Sie haben im letzten Kapitel aus Ihren Stärken im fachlichen und im Soft Skill-Bereich Argumente für eine Einstellung formuliert. Nun sollten Sie trainieren, einige ausgewählte Einstellungsargumente zu verknüpfen, damit Sie sich am Telefon in vier bis fünf Sätzen etwas ausführlicher beschreiben können. Bereiten Sie in knapper Form ein Kurzprofil Ihrer beruflichen Qualifikationen vor, denn schließlich muss Ihr Zuhörer am anderen Ende der Leitung die Chance haben, Sie und Ihre beruflichen Stärken einzuordnen.

Unvorbereitete Bewerber haben keine Selbstpräsentation zur Hand, weshalb sie auch mit unklaren Vorstellungen ins Gespräch gehen, Geschwafel ohne Inhalt liefern, auf den Mitleidsbonus hoffen oder Arbeitgeberschelte betreiben, weil ihnen nichts Besseres einfällt. Diese Todsünden der telefonischen Bewerbung können Sie jedoch umgehen, wenn Sie etwas über sich zu sagen haben.

Stellen Sie Ihr berufliches Profil in den Mittelpunkt Ihrer telefonischen Bewerbung. Bringen Sie Substanz in Ihre Argumentation, indem Sie auf konkrete Erfahrungen aus Ihrem Berufsleben zurückgreifen. Auf diese Weise bieten Sie dem Personalverantwortlichen eine Vorlage, auf die er reagieren kann.

Die zwei Praxisbeispiele zeigen Ihnen, wie Sie nach der Begrüßung mithilfe einer Selbstpräsentation das Telefonat in die gewünschten Bahnen lenken können. Im ersten Beispiel geht es um eine telefonische Bewerbung auf eine Stellenanzeige hin.

Praxisbeispiel: Sebastian Geißler arbeitet als Techniker im Anlagenbau. Seine beruflichen Stärken sieht er in der Beratung von Kunden, der Inbetriebnahme und der guten Zusammenarbeit mit Konstruktion und Service. Diese Stärken stellt er in seiner Selbstpräsentation so dar: »Ich interessiere mich für die ausgeschriebene Position als Anlagenbauer. Für diese Stelle bringe ich langjährige Erfahrungen in der Inbetriebnahme, der Leitung von Montageteams und der technischen Kundenberatung mit. In meinem jetzigen Unternehmen arbeite ich eng mit der Konstruktion und dem Service zusammen. In Projekten habe ich mich um die unternehmensweite Umsetzung eines kundenorientierten Qualitätsanspruchs gekümmert.«

Mit dieser knappen Selbstpräsentation schafft es Herr Geißler, für Aufmerksamkeit bei dem Personalverantwortlichen zu sorgen. Dieser kann sich nun ein erstes Bild vom Anrufer machen: Er registriert, dass er einen interessanten Kandidaten am Telefon hat, bei dem es sich lohnt, weiter in die Tiefe zu gehen. Die Fragen dieses engagierten Stellensuchenden wird er gerne beantworten. Die im Anschluss an das Telefonat verschickte Bewerbungsmappe von Herrn Geißler wird er deshalb später mit besonderer Aufmerksamkeit und wohlwollendem Interesse prüfen.

Noch viel wichtiger ist Ihre Selbstpräsentation, wenn keine Stellenanzeige vorliegt – wenn Sie sich initiativ bewerben. Schließlich ist in diesem Fall Ihr Profil der einzige Anhaltspunkt, den ein Personalverantwortlicher hat. Unser zweites Beispiel verdeutlicht Ihnen, wie eine überzeugende Selbstpräsentation bei einer telefonischen Initiativbewerbung aussehen kann.

Praxisbeispiel: Janina Möller ist Marketingmitarbeiterin. Sie weiß, dass Ihr jetziger Arbeitgeber bald in Konkurs gehen wird. Sie möchte sich nicht nur auf die Stellenanzeigen aus der Tagespresse verlassen und ruft deshalb von sich aus bei interessanten Firmen an. Ihre Stärken sieht Frau Möller in der Koordination von Werbeprojekten, im Event-Management und in der Betreuung nationaler und internationaler Marketingkampagnen. Sie hat für sich diese Selbstpräsentation ausgearbeitet: »Momentan betreue ich als Marketingmitarbeiterin nationale und internationale Kampagnen. Die Budgetsteuerung gehört ebenso zu meinen Aufgaben wie die Entwicklung und Umsetzung von Werbeprojekten. Auch im Event-Management habe ich Erfahrungen gesammelt und neben der Event-Organisation auch die Medienwirksamkeit bewertet. Meine beruflichen Kenntnisse würde ich gerne in Ihrem Hause einsetzen.«

Bereiten Sie sich nun selbst gründlich vor, damit Ihnen im Ernstfall Ihr Marketing in eigener Sache locker von der Hand oder genauer: von den Lippen geht. Formulieren Sie Ihre Selbstpräsentation, damit Sie Ihre individuellen Stärken wirkungsvoll darstellen können. Ihre Einstellungsargumente haben Sie sich bereits erarbeitet. Koppeln Sie nun die einzelnen Argumente, um daraus eine knappe, aber aussagekräftige Selbstpräsentation zu entwickeln.

Kleines Einmaleins der Selbstdarstellung

Sollte es Ihnen Schwierigkeiten bereiten, Ihre Einstellungsargumente in eine schlüssige Selbstpräsentation zu überführen, brauchen Sie nicht gleich den Kopf in den Sand zu stecken. Wir wissen aus unserem Training mit Bewerbern, dass man einige Zeit üben muss, bis die Selbstpräsentation überzeugt.

Auch Sie werden Ihrer Selbstpräsentation den nötigen Feinschliff geben müssen, damit Sie Personalverantwortliche für sich einnehmen können. Damit Ihnen dies gelingt, stellen wir Ihnen jetzt die Regeln vor, die Sie bei der Erarbeitung der Selbstpräsentation beachten sollten. Nutzen Sie unser kleines Einmaleins der Selbstdarstellung, indem Sie die nachfolgenden Überzeugungsregeln einsetzen:

- Beschreiben, nicht bewerten
- Schlüsselbegriffe verwenden
- Positiv kommunizieren
- Beispiele liefern

Beschreiben, nicht bewerten

In unserer Beratungspraxis erleben wir es oft, dass Bewerber entweder zu forsch vorgehen oder aber sich unabsichtlich unter Wert verkaufen. Häufig wird uns die Frage gestellt, wie sich ein übertriebenes »Supermann-Image« auf der einen Seite oder ein zurückhaltendes »Mauerblümchen-Image« auf der andere Seite vermeiden lassen. Die Antwort lautet: Beschreiben Sie Ihre Stärken, aber bewerten Sie sich nicht. Beschreibende Formulierungen haben den unschätzbaren Vorteil, dass Sie Ihren Zuhörer für sich einnehmen können, ohne sich übertrieben anpreisen zu müssen oder womöglich abzuwerten.

Sie schaden sich selbst, wenn Sie in Ihrer Selbstdarstellung wertende Formulierungen benutzen und sich selbst beweihräuchern. Aussagen wie »Das Projekt war auf meine Anwesenheit angewiesen. Ohne mich lief gar nichts.« oder »Ich musste den Kollegen dauernd auf die Sprünge helfen. Die wussten doch gar nicht, worum es geht.« würden doch sicherlich auch bei Ihnen Zweifel an der Eignung eines Bewerbers wecken. Auch für Personalverantwortliche sind sie ein echtes Knock-out-Kriterium.

Auch das gegenteilige Verhalten, die Selbstabwertung, führt nicht zum Ziel. Würden Sie jemanden einstellen, der sich mit den Worten »Mit einigen Aufgaben bin ich nicht so ganz klargekommen, aber ich bemühe mich, es zu lernen.« oder »Obwohl ich mich sehr angestrengt habe, sind mir doch immer wieder Fehler unterlaufen.« vorstellt? Personalverantwortliche tun dies ganz sicher nicht!

Mit beschreibenden Aussagen vermeiden Sie dagegen von Anfang an, dass Missverständnisse zwischen Ihnen und Ihren Gesprächspartnern auftreten. Stellen Sie ganz sachlich Ihre Soft Skills und Ihr Fachwissen vor, dann werden Sie ernst genommen und Ihrer Präsentation am Telefon wird unvoreingenommen zugehört werden. Personalverantwortliche wünschen sich ein Bewerberprofil in Gutachtenform. Diesem Wunsch kommen Sie mit Beschreibungen ohne Bewertung entgegen.

Damit es Ihnen leichter fällt, mit beschreibenden Formulierungen zu argumentieren, haben wir einige Beispiele neutraler Selbstbeschreibungen für Sie zusammengefasst.

- »Ich habe die Aufgaben eines ... wahrgenommen.«
- »Bei meinem momentanen Arbeitgeber bin ich für ... zuständig.«
- »Ich bringe langjährige Berufserfahrung als ... mit.«
- »Am Projekt ... war ich beteiligt.«
- »Ich bin verantwortlich für ... und ...«
- »Meine Kenntnisse in ... und ... sind umfassend.«
- »Ich habe ... gemacht.«
- »Man hat mich mit der Organisation von ... betraut.«
- »Auch Projekte im Bereich ... habe ich geleitet.«
- »Im Arbeitsbereich ... habe ich Erfahrungen gesammelt.«
- »Ich arbeite eng mit ... zusammen.«
- »Zu meinen Hauptaufgaben gehören ... und ...«

Verzichten Sie in Ihrer Selbstpräsentation auf die Abwertung anderer und singen Sie keine Lobeshymnen auf sich selbst. Genauso wenig hilft es, sich selbst klein zu machen. Vertreten Sie Ihr Profil offensiv, aber bleiben Sie zurückhaltend in der Darstellung. Beschreiben Sie Ihre Stärken, ohne sie zu bewerten.

Schlüsselbegriffe verwenden

Personalverantwortliche horchen auf, wenn Anrufer in der telefonischen Bewerbung zu verstehen geben, dass sie die Anforderungen des neuen Arbeitsplatzes kennen und wissen, was sie dort erwartet. Benutzen Sie deshalb prägnante Formulierungen Ihrer beruflichen Stärken: Verwenden Sie Schlüsselbegriffe aus dem Tagesgeschäft. Mit der Verwendung von Branchen- und Insiderbegriffen erreichen Sie, dass Ihre Stärken viel nachhaltiger bei den Personalverantwortlichen im Gedächtnis bleiben.

Wichtige Schlüsselbegriffe, die Ihr Berufsfeld kennzeichnen, finden Sie in Ihren Arbeitszeugnissen, in Stellenbeschreibungen und Projektberichten. Sie können aber auch Stellenanzeigen nutzen, in denen Aufgabengebiete meistens stichwortartig beschrieben werden. Darüber hinaus bieten Ihnen Artikel in Fachzeitschriften und die Homepages der umworbenen Unternehmen in der Regel genügend gute Bezeichnungen und Formulierungen.

Praxisbeispiel: Karsten Schmidt arbeitet in der Vertriebsabteilung eines mittelständischen Anbieters von Frühstückscerealien. In seiner umfassenden Recherche hat er die folgenden Schlagworte zur Kennzeichnung seiner momentanen und zurückliegenden Tätigkeiten gefunden:

– Kundenbetreuung	– Wettbewerbervergleiche
– Marktanalysen	– Produktschulung
– Verkaufsförderung	– Zielgruppendefinition
– Werbemitteleinsatz	– Angebotserstellung
– Messevorbereitung	– Erstellen von Umsatzprognosen

Die von ihm gefundenen Schlüsselbegriffe möchte er dazu nutzen, seiner Selbstpräsentation die nötige Würze zu geben. Er kann sein Potenzial für andere deutlich machen, ohne sie mit

Informationen zu überrollen. Dies klingt dann beispielsweise so: »Schwerpunkte meiner momentanen Tätigkeit sind die Verkaufsförderung, der Werbemitteleinsatz und die Analyse von Angeboten der Mitbewerber. Darüber hinaus habe ich Produktschulungen konzipiert und durchgeführt.«

Suchen auch Sie die für Ihr Tätigkeitsfeld wichtigen Schlüsselbegriffe heraus. Sie zeigen damit auch, dass Sie in der Lage sind, mit einer hohen Informationsdichte zu argumentieren. Schließlich haben Sie für Ihre telefonische Bewerbung – wie häufig auch im Berufsalltag – nur wenig Zeit zur Verfügung, die Sie optimal für Ihre Darstellung nutzen sollten.

Positiv kommunizieren

Auch bei der telefonischen Bewerbung mag man keine Miesmacher. Stattdessen ist es wichtig, gelungene Aufgaben und Erfolge in den Vordergrund zu stellen. Leider beherzigen dies nicht alle Bewerber. Es scheint, als verwechselten sie einen Anruf in der Personalabteilung mit einem Anruf in der Reklamationsabteilung. Der Personalverantwortliche wird zum Beschwerdeempfänger für all die Missstände gemacht, die den Bewerber plagen.

Oft geschieht dies ohne böse Absicht. Viele Bewerber möchten einfach nur verdeutlichen, dass sie in einer anderen Firma besser aufgehoben wären. Dem Erfolg der telefonischen Bewerbung ist der Auftritt als Chefankläger natürlich abträglich. Allein die schlechte Stimmung, die durch ein solches Vorgehen erzeugt wird, genügt schon, um den Bewerber schnell wieder abzuwimmeln. Darüber hinaus werden natürlich Zweifel wach, ob es nicht der Bewerber selbst ist, der die ganzen Schwierigkeiten provoziert hat.

Halten Sie sich deshalb unbedingt an die Überzeugungsregel, nur positiv zu kommunizieren. Bauen Sie Ihre Selbstpräsentation so auf, dass Sie ausschließlich die für Sie schmeichelhaften Aspekte anspricht. Am besten funktioniert dies, wenn Sie sich auf Ihre Erfolge und Stärken konzentrieren. Ihre Schwächen, Arbeitgeberschelte, Streit mit Kollegen und Kritik an Vorgesetzten haben in der Darstellung Ihres beruflichen Profils nichts zu suchen. Versuchen Sie nicht, mit Krisenschilderungen zu überzeugen. Besinnen Sie sich auf die Argumente für Ihre Einstellung und stellen Sie diese ins Zentrum Ihrer Selbstpräsentation.

▶ **Vorsicht Falle!** Die Schilderung von Schwierigkeiten und Problemen am Arbeitsplatz erweist sich häufig als Bumerang: Man wird sich fragen, welchen Anteil Sie selbst wohl daran haben!

Beispiele liefern

Zur überzeugenden Selbstpräsentation gehört auch, dass Sie Ihr Profil lebendig darstellen. Belassen Sie es nicht bei allgemein gültigen Beschreibungen Ihrer Stärken, sondern bringen Sie auch das eine oder andere Beispiel an, damit deutlich wird, wie Sie diese Stärken im Berufsalltag einsetzen.

Beim Thema Soft Skills haben wir Ihnen bereits vorgestellt, wie hervorragend sich Beispiele eignen, um Ihre persönlichen Stärken nachvollziehbar zu präsentieren. Aber nicht nur bei der Darstellung von Soft Skills eignen sich Verweise auf die Berufspraxis. Auch Ihr Fachwissen wird von einem Personalverantwortlichen eher akzeptiert werden, wenn Sie Beispiele dafür anführen können, wann und wie Sie es erfolgreich eingesetzt haben.

Bewerber, die in Ihrer Selbstdarstellung auf Beispiele verzichten, geben damit leichtfertig einen Trumpf aus der Hand. Aussagen wie »Ich bin mobil und teamfähig. Stets habe ich mein Wissen erfolgreich für die Firma eingesetzt.« haben noch keinen Personalprofi überzeugt. Darunter kann man sich alles und nichts vorstellen, aber was den anrufenden Bewerber tatsächlich auszeichnet, wird mit solch einer schwammigen Aussage nicht klar.

Viel besser ist es stattdessen, einen Beleg aus der Berufspraxis anzuführen, um das gewünschte Profil deutlich zu machen, beispielsweise so: »Während meiner Montageeinsätze war ich überregional tätig. Ich habe auch mit ausländischen Kollegen gut zusammengearbeitet. In der Inbetriebnahme kam mir meine langjährige Erfahrung als technischer Projektleiter zugute.« Mit dem Hinweis auf solche Situationen in Ihrem Berufsleben entgehen Sie dem Verdacht, dass Sie mehr versprechen, als Sie letztendlich halten können. Ihr Gesprächspartner wird Ihnen einen Vertrauensvorschuss gewähren, der sich äußerst positiv auf Ihre Bewerbung auswirkt.

Beispielhafte Situationen sollten Sie sich außerdem auch deshalb vor dem Anruf überlegen, weil es durchaus vorkommen kann, dass ein Personalverantwortlicher Ihre Selbstdarstellung hinterfragt. Fordert Ihr Gesprächspartner Belege für die von Ihnen genannten Stärken, dann macht es sich natürlich sehr schlecht, wenn Sie ins Stottern geraten, weil Sie kein passendes Beispiel parat haben. Sorgen Sie deshalb vor: Gehen Sie Ihre Einstellungsargumente noch einmal durch und überlegen Sie sich plausible Beispiele aus Ihren bisherigen beruflichen Tätigkeiten.

Passgenauer Zuschnitt

So schön es auch wäre, nur einmal eine Selbstpräsentation einzustudieren, um diese dann ständig zu wiederholen – in der Bewerbungspraxis werden Sie nur dann Erfolg haben, wenn Sie Ihre Selbstdarstellung auf die jeweiligen Bedürfnisse der umworbenen Firma ausrichten. Ihre schriftlichen Unterlagen, vor allem das Anschreiben und den Lebenslauf, richten Sie ja auf eine Stellenanzeige und das entsprechende Unternehmen aus. So sollte auch der Unternehmensvertreter, bei dem Sie anrufen, den Eindruck gewinnen, dass Sie sich zielgerichtet bei diesem Unternehmen bewerben. Um dies zu erreichen, müssen Sie Ihre Selbstpräsentation jeweils passgenau zuschneiden.

Sie haben bei der Erarbeitung Ihrer Selbstdarstellung einen Gestaltungsspielraum, den Sie unbedingt nutzen sollten. Hat das Unternehmen eine Stellenanzeige geschaltet, dann versuchen Sie zu erkennen, wo der Schwerpunkt Ihrer zukünftigen Arbeit liegen wird. Diesen Tätigkeitsschwerpunkt sollten Sie dann in der Darstellung Ihres beruflichen Profils auch besonders herausstellen. Werden Sie im Team arbeiten? Steht bei der zu vergebenden Stelle der Kundenkontakt im Vordergrund? Ist konzeptionelles Arbeiten erwünscht? Wird viel Reisetätigkeit von Ihnen erwartet? Analysieren Sie die Stellenausschreibung sorgfältig und richten Sie Ihre Selbstpräsentation auf die Anforderungen aus, die im Vordergrund stehen.

Sorgen Sie auch bei einer Initiativbewerbung dafür, dass Ihre Einstellungsargumente auf das Unternehmen ausgerichtet sind. Natürlich ist dies schwieriger als bei einer Bewerbung auf eine Stellenanzeige. Dennoch können und müssen Sie versuchen, im Vorfeld der telefonischen Bewerbung herauszubekommen, was dieses Unternehmen wünscht und braucht. Hierbei hilft Ihnen der Blick auf die Homepage des Unternehmens. Sie können auch eine Firmenbroschüre, einen Produktkatalog oder eine Übersicht der angebotenen Dienstleistungen anfordern. Viele Firmen informieren außerdem regelmäßig die Presse über aktuelle Entwicklungen oder neue Produkte. Versuchen Sie, zum Beispiel über Suchmaschinen im Internet, auch an solche Informationen heranzukommen.

Bauen Sie Ihre Selbstpräsentation so auf, dass Ihr Gesprächspartner erkennen kann, dass Sie sich vor dem Anruf mit den Anforderungen des Unternehmens auseinander gesetzt haben. Wechseln Sie dazu vor Ihrem Telefonat einmal die Perspektive und überlegen Sie sich, was für den neuen Arbeitgeber besonders wichtig ist. Gestalten Sie dann Ihre telefonische Bewerbung passgenau. Je besser Sie auf die Anforderungen eingehen, desto größer ist die Bereitschaft, Ihnen zuzuhören.

Einsatzmöglichkeiten

Eine gut ausgearbeitete Selbstpräsentation verhilft Ihnen nicht nur zu größerer Selbstsicherheit, sondern eröffnet Ihnen auch die Möglichkeit, Ihre telefonische Bewerbung aktiv zu gestalten. Denn ohne vorbereitete Selbstpräsentation ist es sehr schwer, in einem Telefonat mit der Personalabteilung richtig zu argumentieren. Wenn Sie nicht selbst über sich Auskunft geben können, bleibt das Gespräch informationsarm und unverbindlich. Das bringt Sie jedoch Ihrem Ziel, den neuen Arbeitgeber von Ihrem Können zu überzeugen, nicht näher.

Besonders bei einer Initiativbewerbung wird man Ihnen die Frage nach Ihren Qualifikationen nur in den seltensten Fällen stellen. Ein Personalprofi wird abwarten und versuchen herauszuhören, was Sie eigentlich von ihm wollen. Sie müssen daher das Heft des Handelns in die eigene Hand nehmen und Ihre beruflichen Stärken offensiv vertreten. Daher bietet es sich an, mit der Selbstpräsentation gleich nach der Begrüßung zu beginnen, denn dadurch sorgen Sie dafür, dass das Gespräch in den von Ihnen gewünschten Bahnen verläuft.

Sowohl bei einer Initiativbewerbung als auch bei einem Anruf auf eine Stellenanzeige hin müssen Sie sich die Frage stellen: Wie schaffe ich es, den angerufenen Personalprofi dazu zu bringen, sich meine Selbstpräsentation anzuhören? Generell können Sie davon ausgehen, dass Personalverantwortliche erfreut sein werden, dass Sie überhaupt Auskunft über Ihre beruflichen Qualifikationen geben können. Sie brauchen also nur noch einige einleitende Sätze, die die Aufmerksamkeit Ihres Zuhörers für die sich anschließende Selbstpräsentation sichern.

Gut geeignet zur Einleitung sind Sätze wie

- »Ich habe mit Interesse Ihre Stellenanzeige gelesen, dabei habe ich viele Überschneidungen mit meinem Profil gefunden. Zu meinen bisherigen beruflichen Erfahrungen gehören ... und ...«
- »Ich möchte mich beruflich verändern. Bisher habe ich berufliche Erfahrungen in den folgenden Bereichen gesammelt: ... «
- »Die in der Stellenanzeige genannten Aufgaben liegen schwerpunktmäßig im Bereich ... In diesem Bereich habe ich bereits erfolgreich gearbeitet. Unter anderem habe ich ...«

Lernen Sie, Ihre Scheu zu überwinden. Trainieren Sie, auch in anderen beruflichen Situationen einige Stichworte zu Ihrem beruflichen Können und Ihrem Erfahrungsschatz zu geben. Eine gute Selbstpräsentation hilft Ihnen nicht nur bei der telefonischen Bewerbung, sondern auch bei anderen Formen der Kontaktaufnahme zu Unternehmen. So können Sie Messekontakte, Kontakte zu Branchenkollegen oder Treffen auf Weiterbildungsveranstaltungen nutzen, um sich ins Gespräch zu bringen.

Üben Sie sich in der Kunst der gelungenen Selbstdarstellung. Probeläufe sollten Sie durchaus auch einmal im privaten Rahmen durchführen. Wenn Sie auf Feiern oder Partys neue Menschen kennen lernen, wird irgendwann die Frage nach Ihrem Beruf gestellt werden. Setzen Sie dann doch einfach Ihre vorbereitete Selbstpräsentation ein und beobachten Sie die Wirkung. Erwecken Sie Interesse mit dem, was Sie machen? Greift Ihr Gesprächspartner die von Ihnen gelieferten Informationen auf? Sind Ihre Beispiele verständlich genug? Oder brauchen Sie zwei bis drei weitere Anläufe, bis Ihr Zuhörer Sie versteht?

Wenn Sie Ihre Selbstpräsentation nach den von uns vorgestellten Regeln ausgearbeitet haben, wird man Ihnen gerne zuhören und auch nachfragen. Das Einüben Ihrer Selbstpräsentation in lockerer Atmosphäre wird zudem Druck von Ihnen nehmen. Reagieren Ihre Gesprächspartner positiv, dann ist Ihre Generalprobe für die telefonische Bewerbung erfolgreich über die Bühne gegangen. In der nachfolgenden Aufzählung haben wir alle wichtigen Aspekte der Selbstpräsentation noch einmal zusammengefasst:

- Ist in Ihrer Selbstpräsentation Ihr individuelles Profil klar zu erkennen?
- Haben Sie Ihre Darstellung in einem beschreibenden Stil ausgearbeitet, der auf Selbstbewertungen verzichtet?
- Verkaufen Sie sich nicht unter Wert?
- Übertreiben Sie auch nicht?
- Haben Sie die für Ihr Berufsfeld wichtigen Schlüsselbegriffe herausgearbeitet?
- Ist Ihre Selbstpräsentation positiv ausgerichtet? Berichten Sie von Erfolgen und Stärken statt von Problemen und Krisen?
- Führen Sie genügend Beispiele auf?
- Ist Ihre Selbstpräsentation frei von Fachchinesisch und allgemein verständlich?
- Haben Sie Ihre Ausführungen passgenau auf die speziellen Wünsche der angerufenen Firma zugeschnitten?

5
Gesprächsführung: Steuern Sie das Gespräch

Mit Ihrer Selbstpräsentation haben Sie sich nun ein Fundament erarbeitet, auf das Sie weiter aufbauen können. Ihre telefonische Bewerbung wird mit diesem Gesprächsinput in Schwung kommen. Damit Sie diesen Schwung auch im weiteren Verlauf halten können, sollten Sie die Grundtechniken der Gesprächsführung am Telefon beherrschen. Es wäre doch schade, wenn Sie nach einem glänzenden Start einbrechen würden, weil Sie nicht mehr so recht weiter wissen.

Häufig werden Ihnen aber auch schon zu Beginn des Telefongespräches bewusst Steine in den Weg gelegt, um Ihre Ausdauer und die Ernsthaftigkeit Ihrer Bewerbung zu testen. Mit diesen so genannten Gesprächskillern – seien es genervte Gegenfragen oder knappe, unhöfliche Antworten – müssen Sie ebenfalls umgehen können, sonst ist das Gespräch vorbei, bevor es richtig angefangen hat. Auf der anderen Seite müssen Sie aufpassen, dass Sie Ihren Gesprächspartner nicht in die Rolle des bloßen Zuhörers drängen. Denn auch die Unternehmensseite hat Wünsche an Bewerber, und Ihr Ziel muss sein, diese Wünsche mit geschickten Fragen ans Licht zu holen.

Wenn Sie es geschafft haben, das Interesse des Personalverantwortlichen zu wecken, sollten Sie das konstruktiv nutzen. Erfragen Sie Zusatzinformationen, die Sie später in Ihre schriftlichen Unterlagen einfließen lassen können. Damit verschaffen Sie sich auch Vorteile gegenüber Mitbewerbern.

Gesprächskiller entschärfen

Wie Sie bereits wissen, ist die telefonische Bewerbung immer auch ein Test bezüglich Ihrer Soft Skills. Diese Erkenntnis sollte Ihnen während des laufenden Gespräches immer präsent sein, denn Sie müssen damit rechnen, dass Ihnen Ihre Gesprächspartner durchaus »auf den Zahn fühlen« wollen. Dazu gehört, dass sie es Ihnen nicht zu leicht machen werden.

Im Personalbereich durchaus beliebt sind die bereits erwähnten Gesprächskiller, mit denen Bewerber verunsichert werden sollen. Die dahinter stehende Frage lautet: Lässt sich der Anrufer aus der Fassung bringen oder bleibt er auch am Ball, wenn es etwas schwieriger wird? Für Sie als Anrufer bedeutet eine solche Taktik, dass Sie die Nerven behalten müssen. Lassen Sie sich durch unwirsche Antworten des Personalers nicht abschrecken. Bleiben Sie gelassen und höflich und verfolgen Sie den eingeschlagenen Weg konsequent weiter. Sie können sicher sein, dass Sie sich damit bei dem angerufenen Personalverantwortlichen einen Sympathiebonus erworben haben.

▶ **Das sollten Sie sich merken:** Lassen Sie sich durch Gesprächskiller nicht verunsichern. Reagieren Sie sachlich und zeigen Sie, dass Sie auch mit Stresssituationen souverän umgehen können.

Einen Eindruck davon, welche Hürden manche Firmen aufbauen, bietet unsere Übersicht »Fiese Vorwürfe«. Damit Sie nicht aus der Haut fahren oder resigniert schweigen, schlagen wir Ihnen passende Reaktionen auf diese Gesprächskiller vor. Natürlich wird man Sie nicht bei jedem Anruf derart unter Druck setzen, aber es ist besser, für alle Eventualitäten gewappnet zu sein. Oft werden diese Abblockphrasen auch nur dann eingesetzt, wenn unvorbereitete Bewerber abgewimmelt werden sollen. Versuchen Sie deshalb auf jeden Fall, Ihre telefonische Bewerbung mit der richtigen Reaktion wieder zurück ins ruhige Fahrwasser der Sachlichkeit zu bringen. Schließlich haben Sie etwas zu bieten und sind vorbereitet. Bleiben Sie also gelassen, aber verfolgen Sie dennoch hartnäckig Ihre Ziele.

Fiese Vorwürfe

Abblockphrasen der Personalprofis:	So reagiert der Bewerber geschickt:
»Was erwarten Sie von mir?«	»Ich habe noch zwei Fragen zur Stellenanzeige, es wäre schön, wenn Sie mir die beantworten könnten.«
»Schicken Sie doch einfach Ihre Bewerbung!«	»Ich wollte Ihnen unnötige Arbeit ersparen und würde mich freuen, wenn wir kurz mein Profil mit Ihren Wünschen abgleichen könnten.«
»Was wichtig ist, steht doch in der Anzeige!«	»Die Anzeige habe ich aufmerksam gelesen und viele Überschneidungen zu meinen Erfahrungen gefunden. Mich interessiert noch besonders die Gewichtung der Aufgaben.«
»Das passt im Moment gar nicht!«	»Darf ich Sie später wieder anrufen, und könnten Sie mir Ihre Durchwahl nennen.«

»Dafür bin ich nicht zuständig.«	»Können Sie mir einen Ansprechpartner nennen, mit dem ich kurz einige Fragen zur Stelle klären kann?«
»Was glauben Sie, was hier los wäre, wenn jeder Bewerber einfach anriefe?«	»Es tut mir Leid, wenn ich Sie gerade gestört habe. Ich kann auch zu einem späteren Zeitpunkt wieder anrufen. Aber die Beantwortung meiner Fragen geht sicherlich ganz schnell.«
»Ich weiß nicht, wie ich Ihnen weiterhelfen kann.«	»Darf ich Ihnen kurz skizzieren, worum es geht? Ich bin sehr an der Position eines … interessiert und bringe dafür Erfahrungen in … und … mit.« (Selbstpräsentation)

Üblicherweise begegnen Ihnen diese Gesprächskiller sehr früh im Gespräch. Haben Sie die Blockadeversuche der Personalverantwortlichen erfolgreich gemeistert, sollten Sie direkt auf Ihre Selbstpräsentation hinsteuern, damit Ihr Zuhörer auch weiß, warum Sie anrufen. Das von Ihnen geweckte Interesse sollten Sie nun zu Informationszwecken nutzen, indem Sie Fragen stellen, die Sie in Ihrer Bewerbung weiterbringen. Gezielte Fragen signalisieren dem Personalverantwortlichen, dass Sie ein echtes Interesse an der Stelle haben.

Richtig fragen

Welche Möglichkeiten gibt es für Sie nachzufragen? Mit dieser Frage erhalten Sie schon einen wichtigen Hinweis. Es gibt nämlich unterschiedliche Fragetypen, die Sie einsetzen können und auch sollten. Diese Fragen helfen Ihnen bei der telefonischen Bewerbung weiter:

- offene Fragen,
- geschlossene Fragen,
- rhetorische Fragen.

Offene Fragen

Fragen, die sich nicht mit Ja oder Nein beantworten lassen, nennt man offene Fragen oder auch W-Fragen, denn Sie verwenden die Fragewörter »was«, »welche«, »wie«, »wozu« oder »warum«. Ein echter Dialog wird nur dann entstehen, wenn Sie vor allem mit offenen Fragen arbeiten, denn der Vorteil offener Fragen liegt darin, dass Ihr Gesprächspartner mehr in die Tiefe gehen muss. Dadurch vermeiden Sie, dass Ihr Gegenüber abblockt und sich hinter einsilbigen Antworten versteckt. Zudem lässt sich damit mehr Schwung in ein Gespräch bringen. Wenn Sie beispielsweise fragen »Was ist aus Ihrer Sicht besonders wichtig in der neuen Stelle?«, geben Sie Ihrem Gesprächspartner ausreichend Raum, um seine Sicht der Dinge darzustellen.

Offene Fragen eignen sich auch sehr gut, um Informationen aus Ihrem Gesprächspartner herauszulocken, die ansonsten unerwähnt geblieben wären. Deshalb können Sie sich mit solchen offenen Fragen einen entscheidenden Vorsprung vor anderen Bewerbern verschaffen, indem Sie »Geheiminformationen« erfragen, die anderen nicht zugänglich sind. Sie könnten beispielsweise Fragen stellen wie »Welche Erfahrungen geben aus Ihrer

Sicht den Ausschlag bei der Auswahl?« oder »Welche Kenntnisse spielen über die in der Stellenausschreibung genannten hinaus noch eine Rolle?« Überlegen Sie sich deshalb am besten vor Ihrer telefonischen Bewerbung zwei bis drei offene Fragen, die Sie auch aufschreiben sollten.

Geschlossene Fragen

Geschlossene Fragen lassen sich mit Ja oder Nein beantworten und sind vor allem geeignet, Fakten schnell abzuklären. Man kann geschlossene Fragen auch sehr gut mit offenen Fragen kombinieren: Zuerst stellen Sie eine geschlossene Frage, um herauszufinden, ob Sie überhaupt auf der richtigen Spur sind. Anschließend können Sie die dazugehörigen Informationen mithilfe einer offenen Frage erhalten. Beispielsweise so: (Geschlossene Frage): »Ist für die Position Führungserfahrung ein Muss?« (Antwort): »Ja.« (Offene Frage): »Welche Führungsverantwortung müsste ich nachweisen?«

Durch den Einsatz von geschlossenen Fragen erhalten Sie eindeutige Antworten. Aber beschränken Sie sich nicht auf diesen Fragetyp, sonst fühlt sich Ihr Gesprächspartner wie in einem Verhör. Setzen Sie geschlossene Fragen sparsam ein und schieben Sie offene Fragen nach, um das Gespräch am Laufen zu halten.

Rhetorische Fragen

Mit rhetorischen Fragen können Sie Ihren Gesprächspartner in die von Ihnen gewünschte Richtung dirigieren. Fragen dieses Typs sind eigentlich gar keine Fragen, sondern Feststellungen, die in Frageform geäußert werden, zum Beispiel: »Ist es richtig, dass Sie auf umfassende Berufserfahrung Wert legen?« Diese Frage könnten Sie nutzen, um im Anschluss an das Ja des Personalverantwortlichen ihre eigene umfassende Berufserfahrung darzustellen.

Aber Achtung: Setzen Sie rhetorische Fragen äußerst sparsam in Ihrer telefonischen Bewerbung ein, denn auch Personalverantwortliche sind geschult in der Kunst der Gesprächstechnik. Stellen Sie eine rhetorische Frage, fallen Sie positiv auf, aber stellen Sie zu viele, wird man dies für übertriebene Selbstdarstellung halten.

Dass eine gute Gesprächsführung gelernt sein will, erfahren wir täglich in unserer Bewerbungspraxis. Wir erleben bei unseren Trainings mit Bewerbern häufig, dass viele zuerst sehr zurückhaltend mit der Preisgabe von Informationen sind. Kommen sie aber erst einmal in Schwung, können sie sich oft nur noch schwer bremsen. Dann kommt es zu den gefürchteten Bewerbermonologen. Diese werden Personalverantwortliche je nach Temperament mehr oder weniger geduldig über sich ergehen lassen. In Ihrer telefonischen Bewerbung kommen Sie damit aber nicht weiter.

▶ **Vorsicht Falle!** Verfallen Sie nicht in einen Monolog! Bauen Sie durch geschickte Fragen ein wechselseitiges Gespräch auf!

Wie sich Bewerberinnen und Bewerber mit der richtigen Gesprächsführung einen Informationsvorsprung erarbeiten, zeigen wir Ihnen in unseren nachgezeichneten Telefongesprächen in den Kapiteln *Praxisbeispiele: Wenn der Bewerber zweimal klingelt* und *Telefoninterview: Die Firma ruft zurück*. In den dort aufgeführten Negativbeispielen erkennen Sie, wie unvorbereitete und einsilbige Stellensuchende im Gespräch mit Personalverantwortlichen für schlechte Stimmung sorgen und sich damit ihrer Chancen berauben. Wie sich mithilfe offener Fragen und taktisch eingestreuter rhetorischer Fragen ein echter Informationsaustausch entwickelt, erfahren Sie dann jeweils in anschließenden Positivbeispielen. Bevor Sie aber den Hörer in die Hand nehmen, sollten Sie noch für optimale Rahmenbedingungen sorgen.

6

Startvorbereitungen: Sorgen Sie für optimale Rahmenbedingungen

Mit den wichtigen inhaltlichen Elementen einer telefonischen Bewerbung haben Sie sich nun intensiv auseinander gesetzt. Sie wissen, dass Ihr Verhalten am Telefon aus Sicht der Firmen ein erster Soft Skill-Test ist, und Sie haben gelernt, dass Sie Ihre Stärken schnell ins Gespräch bringen und Beispiele für erfolgreiches Arbeiten in Form einer Selbstpräsentation liefern müssen. Außerdem sind Sie in der Lage, die telefonische Bewerbung als Dialog zu führen, also im Gespräch mithilfe geschickter Fragen herauszufinden, auf welche Kenntnisse und Fähigkeiten das angerufene Unternehmen besonderen Wert legt.

Neben dieser inhaltlichen Vorarbeit ist es auch wichtig, für optimale Rahmenbedingungen zu sorgen, das heißt, Ihr Umfeld so zu gestalten, dass Störfaktoren ausgeschaltet werden. Sie sollten auch darauf achten, dass Ihnen die Telekommunikationstechnik während Ihrer Bewerbung keinen Streich spielt. Außerdem ist eine mentale Einstimmung vonnöten, damit Sie nicht zu viel unnötigen Druck aufbauen und sich damit selbst aus der Bewerbung werfen.

Bringen Sie sich mental in Form

Bevor Sie bei einer Firma anrufen, sollten Sie sich mental darauf einstimmen, im Gespräch eine positive und zupackende Grundhaltung zu vermitteln. Dies ist natürlich leichter gesagt als getan. Was jedoch passieren kann, wenn Bewerber dies vor lauter Aufregung vergessen, erläutert Ihnen ein Beispiel aus unserer Beratungspraxis.

Praxisbeispiel: Jan Decker, Vertriebsmitarbeiter eines mittelständischen Anbieters von Werkzeugen für den Fachhandel, suchte uns auf, weil er im Bewerbungsverfahren nicht weiterkam. Sein Profil stimmte, und er hatte genau die Stärken zu bieten, die im Vertrieb gefragt waren. Dennoch scheiterte er bei seinen telefonischen Bewerbungen, in denen man ihn nach kurzer Zeit immer wieder abwimmelte.

Wir sollten ihm einen Tipp geben, woran dies liegen könne. Nachdem wir sowohl eine telefonische Bewerbung als auch ein persönliches Gespräch mit ihm durchgespielt hatten, war klar, dass dieser Bewerber immer dann einbrach, wenn vor seinem inneren Auge unzufriedene Kunden, nörgelnde Servicemitarbeiter oder rechthaberische Kollegen auftauchten. Die dadurch entstandene Aufregung während der telefonischen Bewerbung führte stets dazu, dass der Bewerber dieser Drucksituation nicht mehr standhielt. Er gab schließlich seinen unangenehmen Gefühlen nach und redete sich mit seiner Negativkommunikation um »Kopf und Kragen«.

Herr Decker hatte nicht daran gedacht, sich vor Gesprächen auf Erlebnisse mit zufriedenen Kunden, einsatzfreudigen Servicemitarbeitern und unterstützenden Kollegen einzustimmen. Wir trainierten mit ihm, sich berufliche Erfolge vor telefonischen Bewerbungen auch als Bild ins Gedächtnis zu rufen. Das Ergebnis war verblüffend: Der Vertriebsprofi bekam eine ganz andere Stimme, er wirkte nicht mehr verbissen und gestresst, sondern zupackend und sympathisch.

Ihre innere Einstellung ist bei der telefonischen Bewerbung ein wichtiger Erfolgsfaktor. Wenn Sie am Telefon lediglich Ihr eigenes Unwohlsein vermitteln, werden Sie kaum auf Interesse stoßen. Sorgen Sie also dafür, dass Sie im Bewusstsein Ihrer Stärken anrufen. Einen Grundstein dafür haben Sie schon mit der Ausarbeitung Ihrer Selbstpräsentation gelegt. Die von Ihnen ausgewählten Beispiele Ihres erfolgreichen Arbeitens sollten Sie in die richtige Stimmung bringen.

Darüber hinaus ist es wichtig, dass Sie sich vor einer telefonischen Bewerbung nicht übermäßig unter Erfolgsdruck setzen, denn sonst manövrieren Sie sich in eine Stresssituation hinein, aus der Sie nicht mehr herauskommen. Dann kann es Ihnen wie dem Bewerber aus unserem Praxisbeispiel ergehen: Auf einmal kommen schlechte Erinnerungen hoch und am liebsten möchte man nur noch schnell den Hörer zurück auf die Gabel legen.

Dieser selbst produzierten Stresssituation entgehen Sie, indem Sie die Ziele, die Sie mit dem Anruf verbinden, erst einmal so niedrig aufhängen, dass sich Erfolgserlebnisse einstellen. Machen Sie sich klar, dass Ihre telefonische Bewerbung nicht zum Ziel haben kann, quasi durch den Hörer einen Arbeitsvertrag zu bekommen. Sie werden es auch nicht schaffen, innerhalb von zehn Minuten einen Firmenvertreter dazu zu bringen, eine Entscheidung bezüglich Ihrer Einstellung zu treffen. Bei der telefonischen Bewerbung geht es vor allem darum, einen persönlichen Kontakt herzustellen, sich ins Gespräch zu bringen, Informationen zu erfragen und sich dadurch einen Startvorteil gegenüber anderen Bewerbern zu erarbeiten.

Tragen Sie deshalb nicht zu Ihrer eigenen Verunsicherung bei. Gerade bei Ihren ersten telefonischen Bewerbungen sollten Sie sich realistische Ziele setzen. Machen Sie sich vorher klar, was Sie mit Ihrem Anruf überhaupt erreichen wollen, denn dadurch nehmen Sie unnötigen Druck von sich und genießen auch Etappensiege.

Etappensiege der telefonischen Bewerbung

- **Etappensieg 1:** Sie haben sich überwunden und zum Telefonhörer gegriffen!

- **Etappensieg 2:** Sie haben einen persönlichen Ansprechpartner herausgefunden!

- **Etappensieg 3:** Sie haben Ihre Selbstpräsentation vermittelt!

- **Etappensieg 4:** Sie haben Ihren Gesprächspartner mit einer Frage zum Reden gebracht!

- **Etappensieg 5:** Sie haben das Telefonat als Dialog geführt!

- **Etappensieg 6:** Sie haben wichtige Zusatzinformationen erhalten!

- **Etappensieg 7:** Sie wissen, welche Bewerbungsform erwünscht ist!

- **Etappensieg 8:** Sie haben Ihre Kommunikationsstärke unter Beweis gestellt!

- **Etappensieg 9:** Sie haben herausgefunden, wann es Einstellungsbedarf gibt!

- **Etappensieg 10:** Sie haben Interesse an Ihrer Bewerbung hervorgerufen!

Störfaktoren ausräumen

Neben der mentalen Einstimmung sollten Sie daran denken, dass es auch äußere Störfaktoren gibt, die eine telefonische Bewerbung beeinträchtigen können. Schaffen Sie für Ihr Telefonat optimale Rahmenbedingungen, um zusätzlich an Sicherheit zu gewinnen.

Ein Kardinalfehler besteht beispielsweise darin, vom momentanen Arbeitsplatz aus anzurufen. Tun Sie es nicht, auch wenn es Sie »in den Fingern juckt«: Das Firmentelefon ist für Bewerbungsaktivitäten tabu! Zum einen würde Ihr potenzieller neuer Arbeitgeber es überhaupt nicht schätzen, dass Sie offensichtlich während Ihrer bezahlten Arbeitszeit Privatinteressen verfolgen. Dies würde also von Anfang an ein schlechtes Licht auf Sie werfen. Zum anderen kommt hinzu, dass Ihre Wechselabsichten beim jetzigen Arbeitgeber zu schnell bekannt werden könnten. Vermeiden Sie auf jeden Fall, zum Mittelpunkt des Abteilungsklatsches zu werden.

Auch wenn Sie glauben, alle Abhörmöglichkeiten ausgeschaltet zu haben und sicher sein zu können, dass weder Ihr Vorgesetzter noch Kollegen und Kunden Ihr Telefonat mithören oder gar stören: Durch das schlechte Gewissen, das Sie in dieser Situation immer unterschwellig haben werden, entsteht eine ungünstige Gesprächsatmosphäre. Denn Ihr Gesprächspartner am anderen Ende der Leitung wird das Gefühl bekommen, dass Sie nicht ganz bei der Sache sind, womit er ja leider Recht hat. Aber damit schaden Sie sich selbst.

Besser ist es, von zu Hause aus anzurufen, denn Sie brauchen für eine telefonische Bewerbung Ihre ganze Konzentration. Einfach mal so nebenbei anzurufen wird sich stets als unproduktiv erweisen. Aber sorgen Sie auch zu Hause für eine ruhige Atmosphäre, es wäre schließlich unangenehm, wenn Ihr Lebenspartner oder die lieben Kleinen während des Telefonats ins Zimmer stürzten und lautstark auf sich aufmerksam machten. Informieren Sie deshalb vorher Ihr Umfeld, dass Sie ein wichtiges Telefonat führen und nicht gestört werden möchten. Bringen Sie Ihren Hund nach draußen und schalten Sie Radio und Fernseher aus. Von Personalverantwortlichen wissen wir, dass es gar nicht so selten vorkommt, dass Bewerber anrufen, während im Hintergrund das Radio dudelt oder die Kinder schreien.

Auch die Fallen der heutigen Technik sollten Sie umgehen: Achten Sie darauf, dass die Akkus des Telefons geladen sind und schalten Sie Komfortmerkmale wie »Anklopfen bei eingehendem Anruf« aus, damit Ihr Telefongespräch nicht durch das nervige Tuten im Hintergrund gestört wird.

Selbstverständlich sollten Sie auch Papier und Stift sowie Ihren Lebenslauf bereitlegen. Was nützt es Ihnen, wenn Sie den Namen des Personalverantwortlichen erfahren, ihn in der Aufregung aber gleich wieder vergessen, weil Sie ihn nicht aufgeschrieben haben? Darüber hinaus gibt es sicherlich den einen oder anderen Punkt, an dem Sie zu gegebener Zeit nachhaken möchten. Machen Sie sich deshalb stichwortartige Notizen, um das Gespräch später nachvollziehen zu können.

Wir empfehlen Ihnen außerdem, im Stehen zu telefonieren. Aus unseren Trainings mit Bewerbern wissen wir, dass eine Stimme gleich viel dynamischer klingt, wenn man während des Gesprächs steht. Zudem kann die Möglichkeit, ein paar Schritte hin und her zu gehen, dem einen oder anderen auch helfen, besser mit der Aufregung fertig zu werden. Probieren Sie es doch einmal aus – möglichst bevor der Ernstfall eintritt.

▶ **Das sollten Sie sich merken:** Bei Ihren Telefonaten sollten Sie selbstbewusst und sicher wirken. Tun Sie alles dafür, dass Sie mental eingestimmt und Störfaktoren ausgeräumt sind.

7

Praxisbeispiele: Wenn der Bewerber zweimal klingelt

Ihr Rüstzeug für die telefonische Bewerbung haben Sie sich in den vorangegangenen Kapiteln erarbeitet. Wozu diese anspruchsvolle Vorbereitung dient, werden wir Ihnen nun vor Augen führen. Anhand von misslungenen telefonischen Bewerbungen können Sie erkennen, wie sich Bewerber selbst aus dem Rennen werfen, wenn sie planlos in einer Firma anrufen. Dazu haben wir für sie beispielhafte Telefonate nachgezeichnet, damit Sie die von uns kritisierten Fehler noch einmal geballt auf sich wirken lassen können. Es ist leicht, sich zu denken »Das könnte mir nicht passieren!« Telefonische Bewerbungen rutschen jedoch schnell in unproduktive Bahnen ab, wenn Bewerber sich nicht ausreichend vorbereitet haben.

Auf diese misslungenen Telefonate folgen gelungene telefonische Bewerbungen. In den Positivbeispielen setzen Bewerber ihre Selbstpräsentation bewusst ein, tauschen Argumente mit den Personalverantwortlichen aus und halten das Gespräch mit Fragen in Gang. Auch wenn Ihnen die Gegenüberstellung manchmal ein wenig wie Schwarzweißmalerei vorkommt: Sowohl aus unserer Beratungspraxis als auch aus Gesprächen mit Personalverantwortlichen wissen wir, dass unvorbereitete Bewerber genau die Fehler machen, die wir Ihnen in den Negativbeispielen vorstellen werden. Dagegen sind gut strukturierte telefonische Bewerbungen äußerst selten.

Arbeiten Sie darauf hin, die Tipps und Tricks der überzeugenden telefonischen Bewerbung zu verinnerlichen. Orientieren Sie sich an den Positivbeispielen, und lassen Sie sich die Negativbeispiele eine Warnung sein!

Telefonische Bewerbung auf eine Stellenanzeige

In unserem ersten Negativbeispiel lernen Sie den kaufmännisch-technischen Sachbearbeiter Dirk Könnecke kennen. Herr Könnecke hat in der Wochenendausgabe seiner Tageszeitung eine interessante Stellenanzeige gefunden, in der ein Disponent im Einkauf gesucht wird. In der Stellenausschreibung wird auch dazu aufgefordert, den zuständigen Personalverantwortlichen vorab anzurufen. Diese Aufforderung nimmt Herr Könnecke ernst, leider hat er aber die Vorbereitung auf das Telefonat nicht besonders ernst genommen. Da in der Anzeige aber nun einmal die Durchwahl des Personalreferenten Dennis Klose aufgeführt ist, greift Herr Könnecke zum Hörer. Erleben Sie selbst, wie ihm das Telefonat immer mehr entgleitet.

Personalverantwortlicher: »Versand GmbH, Personalabteilung. Mein Name ist Dennis Klose, was kann ich für Sie tun?«

Anrufer: »Guten Tag, ich rufe wegen der Stelle an.«

Personalverantwortlicher: »Guten Tag, Herr äh ..., mit wem spreche ich?«

Anrufer: »Könnecke, Dirk Könnecke ist mein Name.«

Personalverantwortlicher: »Herr Könnecke, wie kann ich Ihnen weiterhelfen?«

Anrufer: »Ich wollt' mich erkundigen, wie das so ist mit der Stelle, die Sie ausgeschrieben haben. Also, ob man da noch Chancen hat?«

Personalverantwortlicher: »Da müssen Sie schon etwas präziser werden, Herr Könnecke. Wir suchen momentan für mehrere Positionen neue Mitarbeiterinnen und Mitarbeiter. Um welche Stelle geht es denn?«

Anrufer: »Einen Moment, ich muss mal eben nachsehen (raschelt mit der Zeitung). Ah, hier ist sie! Sie suchen einen Disponenten.«

Personalverantwortlicher: »Stimmt, aber in welchem Bereich möchten Sie denn als Disponent tätig sein.«

Anrufer: »Also wenn es nach mir geht, würde ich ja am liebsten meine Teamfähigkeit, meine Leistungsbereitschaft, mein Organisationstalent und mein Verhandlungsgeschick einsetzen. Das sind nämlich ganz besondere Stärken von mir.«

Personalverantwortlicher: »Auf Ihr Profil kommen wir gleich. Sie müssen mir aber schon sagen, ob Sie sich als Disponent im internationalen oder im nationalen Einkauf bewerben möchten.«

Anrufer: »Ich nehm lieber den nationalen Einkauf. Mein Englisch ist nämlich nur grundlegender Natur – aber natürlich mit etwas Unterstützung des Unternehmens ausbaubar.«

Personalverantwortlicher: »»Hmm. Äh. Sie möchten sich also als Disponent im nationalen Einkauf bewerben.«

Anrufer: »Richtig erkannt!«

Personalverantwortlicher: »Schön.«

Anrufer: »Fragen Sie mich ruhig, was Sie wissen müssen.«

Personalverantwortlicher: »Schicken Sie doch einfach eine schriftliche Bewerbung an die Personalabteilung. Wir werden dann sehen, ob Sie zu uns passen.«

Anrufer: »Also, wie schon erwähnt, gehört zu meinen Stärken ...«

Personalverantwortlicher: »Das hatten wir schon. Welche Ausbildung bringen Sie denn überhaupt mit?«

Anrufer: »Eine Ausbildung zum Großhandelskaufmann. Nach der Ausbildung habe ich die Firma gewechselt. Während der Ausbildung war ich doch nur der billige Azubi, der überall rumgereicht wurde.«

Personalverantwortlicher: »Was machen Sie momentan?«

Anrufer: »Ich bin eigentlich gar nicht unzufrieden. Aber bei dem Management, das wir haben, bin ich mir nicht sicher, wie lange es die Firma noch gibt. Deshalb möchte ich mich rechtzeitig wegbewerben.«

Personalverantwortlicher: »Gut, dann sind wir uns ja einig. Sie schicken uns Ihre Bewerbungsunterlagen. Und wir werden sie dann überprüfen.«

Anrufer: »Hat das denn wirklich Sinn?«

Personalverantwortlicher: »Wenn Sie sich nicht sicher sind, können Sie ruhig auf eine Bewerbung verzichten.«

Anrufer: »Nee, ich werd das jetzt durchziehen. Die Unterlagen habe ich ja eh im PC.«

Personalverantwortlicher: »Schön für Sie, auf Wiederhören!«

Anrufer: »Ja, ich hoffe, ich höre von Ihnen.«

Personalverantwortlicher: (Klick, der Hörer wird aufgelegt).

Dass Herr Könnecke mit seiner telefonischen Bewerbung keinen Erfolg haben wird, ist nicht verwunderlich. Schon der Einstieg in das Telefongespräch verläuft sehr ungünstig. Herr Könnecke nennt seinen Namen nicht, was man ihm vielleicht noch wegen seiner Nervosität nachsehen könnte. Schlimmer ist aber, dass er mit der Floskel »Guten Tag, ich rufe wegen der Stelle an.« beginnt. Der Personalverantwortliche bleibt im Ungewissen, um welche Stelle es überhaupt geht. So geht viel wertvolle Zeit verloren, bis endlich geklärt ist, dass die Stelle als nationaler Disponent gemeint ist.

Es herrscht auch von Anfang an Verwirrung, was den Personalverantwortlichen, Herrn Klose, skeptisch werden lässt. Trotzdem versucht er wiederholt, Herrn Könnecke auf die richtige Spur zu bringen. Dieser lässt sich seine Chancen jedoch ein ums andere Mal entgehen. Zuerst stellt er die ungeschickte Frage »Ich wollt mich erkundigen, wie das so ist mit der Stelle, die Sie ausgeschrieben haben. Also, ob man da noch Chancen hat?« Eine Antwort kann ihm Herr Klose natürlich nicht geben, denn er hat bisher keine Informationen über das berufliche Profil des Bewerbers erhalten. Zudem weiß er immer noch nicht, welche Stellenausschreibung Herr Könnecke eigentlich meint.

Die Aufforderung »Da müssen Sie schon etwas präziser werden, Herr Könnecke.« markiert den Endpunkt der Geduld des Personalreferenten. Allerspätestens jetzt hätte der Bewerber verwertbare Informationen anbringen und ganz präzise benennen müssen, mit welchen Qualifikationen er sich auf welche Stelle bewirbt. Stattdessen zeigt Herr Könnecke seine schlechte Vorbereitung auf die telefonische Bewerbung auch noch akustisch mit Zeitungsraschen an, denn er muss erst blättern, bis er die betreffende Stellenanzeige gefunden hat. Das Geraschel im Hintergrund kostet den Personalverantwortlichen hörbar die letzten Nerven, denn ab jetzt wird sein Ton schärfer.

Ungeduldig hakt Herr Klose nach, in welchem Bereich der Bewerber als Disponent arbeiten möchte. Statt Überschneidungen zwischen der angestrebten Stelle und dem eigenen Profil herauszuarbeiten, ergeht sich Herr Könnecke in Allgemeinplätzen: Ohne Beispiele zu geben, behauptet er, Teamfähigkeit, Leistungsbereitschaft, Organisationstalent und Verhandlungsgeschick seien besondere Stärken von ihm. Darauf geht der Personalverantwortliche gar nicht erst ein. Er ist immer noch mit der Zuordnung des Bewerbers zu einer bestimmten Stelle beschäftigt.

Als die Zuordnung zu einer Stelle endlich gelingt, setzt sich der Bewerber ein weiteres Mal in die Nesseln. Statt mit Einstellungsargumenten seinen Wunsch plausibel zu machen, betreibt er Negativkommunikation: Er verweist auf sein schlechtes Englisch. Warum er den Hinweis, dass er etwas nicht kann, in seine telefonische Bewerbung einbaut, wird wohl sein Geheimnis bleiben. Auf jeden Fall schadet er sich damit. Der Personalverantwortliche fordert ihn schließlich zu einer schriftlichen Bewerbung auf, damit er am Telefon endlich seine Ruhe hat.

Als Herr Könnecke noch einmal mit seiner nichts sagenden Selbstdarstellung beginnen will, unterbricht ihn der Personalreferent. Er möchte endlich Fakten hören und fragt deshalb nach der Ausbildung. Aber auch an dieser Stelle unterlaufen dem Bewerber grobe Patzer: Die Nennung seines Berufsabschlusses als Großhandelskaufmann koppelt er mit einer Klage über seinen Ausbildungsbetrieb. Die Firmenschelte setzt sich fort, als es um die Darstellung seiner momentanen Tätigkeit geht: Herr Könnecke wirft seinem jetzigen Arbeitgeber Managementfehler vor, weshalb er das seiner Meinung nach sinkende Schiff verlassen will. Der Personalverantwortliche hört aus dieser Antwort den Besserwisser heraus, der nachträglich immer weiß, woran es eigentlich gelegen hat, aber im entscheidenden Moment die Mitarbeit verweigert.

Jetzt geht es dem Personalverantwortlichen wirklich nur noch darum, diesen Anrufer schnell abzuwimmeln. Wieder folgt die Aufforderung, die Unterlagen doch zu schicken. Bei der Frage »Hat das denn wirklich Sinn?« lässt Herr Klose durchblicken, dass es ihm durchaus recht wäre, wenn keine Bewerbung von Herrn Könnecke einginge. Dieser bleibt aber genauso unbeirrbar wie unbelehrbar und kündigt an, seine Bewerbungsabsichten auf jeden Fall zu Papier zu bringen. Der Versand dieser Unterlagen wird sicherlich nur ein Gewinn für die Post sein!

Wie schnell es gehen kann, alle Todsünden der telefonischen Bewerbung zu begehen, haben Sie beim misslungenen Anruf gesehen. Herr Könnecke war mangelhaft vorbereitet, hatte nebulöse Vorstellungen von der neuen Stelle und bot nur Geschwafel ohne Inhalt. Die Störung mit der raschelnden Zeitung im Hintergrund nervte zudem den Personalverantwortlichen, der in mehreren Anläufen herauszufinden versuchte, was Herr Könnecke eigentlich wollte. Auch mit seiner Arbeitgeberschelte empfahl sich der Bewerber nicht als zukünftiger Mitarbeiter.

Es geht aber auch besser. Mit einer gründlichen Vorbereitung auf die telefonische Bewerbung lässt sich ein Telefongespräch ergebnisorientiert führen. Diesmal hat Herr Könnecke die notwendige Vorarbeit geleistet. Er hat eine Selbstpräsentation entwickelt und diese passgenau auf die ausgeschriebene Stelle zugeschnitten. Auch die Fragen, die er stellen möchte, hat er sich schon zurechtgelegt. So kann er relativ ruhig zum Telefonhörer greifen, um sich einen Startvorteil für seine Bewerbung zu sichern.

Personalverantwortlicher: »Versand GmbH, Personalabteilung. Mein Name ist Dennis Klose, was kann ich für Sie tun?«

Anrufer: »Guten Tag Herr Klose. Mein Name ist Dirk Könnecke. Könnten Sie mir einige kurze Fragen zur Stellenausschreibung Disponent im nationalen Einkauf beantworten?«

Personalverantwortlicher: »Sicherlich, warum interessieren Sie sich denn für die Stelle?«

Anrufer: »Momentan bin ich als kaufmännisch-technischer Sachbearbeiter im Einkauf tätig. Ich verantworte eine eigene Warengruppe und bin für das Bestandsmanagement und die Bedarfsermittlung zuständig. Ich möchte jetzt als Disponent tätig werden, um meine Erfahrungen in die Beratung von Einkäufern einbringen zu können.«

Personalverantwortlicher: »Das klingt für mich durchaus interessant. Allerdings höre ich auch heraus, dass Sie bisher noch keine Einkäufer betreut haben. Ist das richtig?«

Anrufer: »Zu meinen Aufgaben gehört auch die Einarbeitung neuer Einkäufer. So begleite ich beispielsweise die ersten Verhandlungs- und Preisgespräche, um das Vorgehen der neuen Kollegen anschließend mit ihnen zu analysieren. Dieser Sonderaufgabe möchte ich in meiner täglichen Arbeit mehr Raum geben können.«

Personalverantwortlicher: »Gut, ich gehe davon aus, dass Sie die in der Stellenanzeige genannten Anforderungen erfüllen!?«

Anrufer: »Ja, ich bin seit vier Jahren im Einkauf tätig. Meinen Ausbildungsabschluss Großhandelskaufmann habe ich mit einer berufsbegleitenden Qualifikation zum Handelsfachwirt erweitert. Sehr gute Excel- und Word-Kenntnisse bringe ich ebenso mit wie die sichere Beherrschung von Statistikprogrammen.«

Personalverantwortlicher: »Dann möchte ich Ihnen jetzt die Gelegenheit geben, Ihre Fragen zu stellen. Legen Sie los!«

Anrufer: »Wie hoch ist der Anteil an Reisetätigkeiten und gibt es auch die Möglichkeit, in internationale Aufgaben eingebunden zu werden?«

Personalverantwortlicher: »Zuerst werden Sie vorrangig national eingesetzt werden, so wie es die Stellenbeschreibung vorsieht. Selbstverständlich können Sie in Projekten auch mit dem internationalen Einkauf in Berührung kommen. Da wir eine enge Bindung zu unseren Lieferanten pflegen, müssten Sie von Zeit zu Zeit dort vorbeischauen. Mehr als 20 Prozent Ihrer Tätigkeit werden Sie aber nicht außer Haus verbringen.«

Anrufer: »Sollte ich meine Bereitschaft zur Reisetätigkeit in meiner Bewerbung besonders herausstellen?«

Personalverantwortlicher: »Erwähnen Sie das bitte kurz im Anschreiben. Am besten schicken Sie Ihre Unterlagen gleich direkt an mich.«

Anrufer: »Das tue ich gerne, Herr Klose. Vielen Dank für die Zeit, die Sie sich für mich genommen haben. Meine Bewerbung wird Ihnen in den nächsten Tagen zugehen.«

Personalverantwortlicher: »Sehr schön, Herr Könnecke. Dann verbleiben wir erst einmal so. Auf Wiederhören.«

Anrufer: »Auf Wiederhören Herrn Klose.«

Diese telefonische Bewerbung ist von Anfang an gelungen. Diesmal steigt Herr Könnecke nicht unvorbereitet ein. Auf die Begrüßungsformel des Personalreferenten reagiert Herr Könnecke souverän, indem er ihn mit Namen anspricht und auch seinen eigenen Namen nennt. Um sich das Wohlwollen von Herrn Klose nicht zu verspielen, bittet er darum, »einige kurze Fragen« stellen zu dürfen. In diesem Zusammenhang nennt er auch gleich ganz konkret die Stelle, um die es geht: »Disponent im nationalen Einkauf«.

Bevor der Personalverantwortliche Herrn Könnecke seine Fragen stellen lässt, zieht er eine Hürde ein, indem er wissen möchte: »Warum interessieren Sie sich denn für die Stelle?« Diese Frage trifft Herrn Könnecke dieses Mal nicht unvorbereitet. Schließlich hat er sich vorab damit auseinander gesetzt, was ihn in den Augen des umworbenen Unternehmens interessant machen könnte. In seiner kurzen Selbstpräsentation fallen daher die wichtigen Schlagworte »Bestandsmanagement«, »Bedarfsermittlung« und »Verantwortung für eine eigene Warengruppe«. Mit seiner kurzen, aber aussagekräftigen Werbung in eigener Sache hat Herr Könnecke dafür gesorgt, dass der Personalverantwortliche mögliche Argumente für eine Einstellung erhalten hat. Bewerber, die verdeutlichen können, dass sie wissen, worauf es in der neuen Stelle ankommt, finden immer ein offenes Ohr in Personalabteilungen.

Das bedeutet aber nicht, dass Herr Klose jetzt schon überzeugt ist, den zukünftigen neuen Mitarbeiter am Telefon zu hören. Er setzt stattdessen seine Strategie fort, Herrn Könnecke weiter zu prüfen. Er lässt zwar erstes Interesse erkennen, aber um die Ernsthaftigkeit der Bewerbung zu testen, konfrontiert er Herrn Könnecke mit der Frage »dass Sie bisher noch keine Einkäufer betreut haben. Ist das richtig?« Mit diesem Gesprächskiller hat Herr Könnecke jedoch gerechnet, denn schließlich will er sich beruflich verbessern und in neue Aufgaben hineinwachsen. Deshalb bringt ihn der Einwand des Personalverantwortlichen auch nicht aus dem Konzept. Geschickt erläutert er, dass er bereits erste Erfahrungen in der Betreuung von Einkäufern sammeln konnte. Seine Erfahrungen in der Schulung und Einarbeitung, die er neben seinen täglichen Aufgaben gewinnen konnte, überzeugen den Personalverantwortlichen. Herr Klose geht nun davon aus, dass der Bewerber die weiteren in der Stellenanzeige genannten Forderungen erfüllt.

Obwohl es für Herrn Könnecke schon sehr gut aussieht, lässt er nicht nach. Er beschränkt sich nicht auf ein knappes Ja auf die Frage »Ich gehe davon aus, dass Sie die ... Anforderungen erfüllen.« Stattdessen liefert er weitere Einstellungsargumente und nennt die wichtigen Punkte kaufmännischer Ausbildungsabschluss, Berufserfahrung und Fortbildung zum Handelsfachwirt. Abgerundet wird das Ganze mit dem Hinweis auf sehr gute Excel- und Word-Kenntnisse. Als Bonuspunkt nennt Herr Könnecke noch die »sichere Beherrschung von Statistikprogrammen«, die in der Anzeige nicht gefordert war.

Der Personalverantwortliche ist überzeugt. Er hat sich Gewissheit verschafft, dass die Voraussetzungen des Bewerbers stimmen, weshalb er ihn nun auffordert, seine berechtigten Fragen zu stellen. Ein weiteres Mal zeigt sich der Bewerber vorbereitet: Mit einer offenen Frage erkundet er den Anteil an Reisetätigkeiten. Die damit gekoppelte Frage nach der möglichen Einbindung in internationale Aufgaben beweist, dass er keine Scheu vor neuen Aufgaben hat. Der Personalverantwortliche kann dahinter die Soft Skills Leistungsbereitschaft, Mobilität und Flexibilität erkennen.

Einem gut informierten Bewerber wie Herrn Könnecke liefert der Personalverantwortliche gerne fundierte Antworten. Herr Könnecke kann sich nun ein viel besseres Bild über die Ausgestaltung der neuen Stelle machen, als ihm dies nach dem Lesen der Stellenanzeige möglich war. Diese Zusatzinformationen möchte er natürlich anschließend für seine schriftliche Bewerbung verwerten. Deshalb stellt er die Frage »Sollte ich meine Bereitschaft zur Reisetätigkeit ... besonders herausstellen?« Verbunden mit dem Tipp, dies im Anschreiben zu tun, fordert Herr Klose den Bewerber auf, die Unterlagen direkt an ihn zu schicken.

Gratulation, Herr Könnecke hat mit dieser telefonischen Bewerbung überzeugt. Seine Unterlagen werden mit besonderer Sorgfalt geprüft werden. Hält die schriftliche Bewerbung die Qualität der telefonischen Bewerbung, wird einem Vorstellungsgespräch nichts mehr im Wege stehen.

Telefonische Initiativbewerbung

Wie Sie schon wissen, lässt sich die telefonische Bewerbung nicht nur als erste Reaktionsmöglichkeit auf eine Stellenanzeige einsetzen, sondern auch ganz wunderbar dazu, den verdeckten Stellenmarkt mittels einer Initiativbewerbung zu erobern. Das hat auch Frauke Glaser erkannt, die in ein anderes Unternehmen wechseln möchte. Sie ist auf der Suche nach einer Stelle als Personalreferentin, in der sie ihre bisherigen Aufgaben weiterführen kann. Ohne zu zögern, allerdings auch ohne inhaltliche Vorarbeit, greift sie zum Telefonhörer, ruft bei ihrem Wunschunternehmen an und lässt sich in die Personalabteilung zu Frau Koopmann weiterverbinden.

Personalverantwortliche: »Koopmann, guten Tag.«

Anruferin: »Guten Tag Frau Koopmann, hier ist Frauke Glaser.«

 *Personalverantwortliche:* »Worum geht's?«

Anruferin: »Ich wollte mich erkundigen, ob Sie freie Stellen haben.«

Personalverantwortliche: »In einem expandierenden und dynamischen Unternehmen wie unserem gibt es immer Stellen zu besetzen. Rufen Sie für eine Personalserviceagentur an?«

Anruferin: »Nein, es geht um mich.«

Personalverantwortliche: »Was wollen Sie machen?«

Anruferin: »Ich möchte meine erfolgreiche Tätigkeit in der Personalarbeit bei Ihnen fortsetzen.«

Personalverantwortliche: »Warum gerade bei uns?«

Anruferin: »Wie Sie bereits sagten, ist Ihr Unternehmen dynamisch und expandiert. Ich glaube, dass ich in so einem Umfeld viel besser meine Kreativität und meine Fähigkeit, auf Menschen zuzugehen, einsetzen kann als bei meinem konservativen Arbeitgeber.«

Personalverantwortliche: »Konservativ im Sinne von bewahrend muss doch nichts Schlechtes sein.«

Anruferin: »Na ja, Sie haben natürlich Recht. Aber wenn man immer nur dieselben Routineaufgaben erledigen muss, bleibt doch ein wichtiger Baustein der Persönlichkeit auf der Strecke.«

Personalverantwortliche: »Fühlen Sie sich, als wenn Sie auf der Strecke geblieben sind?«

Anruferin: »Das nicht, aber ich könnte sicherlich mehr leisten.«

Personalverantwortliche: »Können Sie bei Ihrem jetzigen Arbeitgeber keine zusätzlichen Aufgaben übernehmen?«

Anruferin: »Ich weiß nicht ...«

Personalverantwortliche: »Dann erkundigen Sie sich doch einmal.«

Anruferin: »Das kann ich machen. Aber trotzdem möchte ich lieber in Ihrem Unternehmen arbeiten.«

Personalverantwortliche: »Auch bei uns werden Sie nicht den ganzen Tag lang kreative Konzepte schreiben und mit Kollegen debattieren können.«

Anruferin: »Ich bin ja durchaus bereit, auch die ganz normalen Aufgaben zu übernehmen. Sehen Sie denn wirklich keine Chance, mich bei Ihnen einzusetzen?«

Personalverantwortliche: »Um es Ihnen ganz direkt zu sagen: Ich weiß bisher nicht, womit Sie bei Ihrem momentanen Arbeitgeber beschäftigt sind. Ihre beruflichen Stärken haben Sie mir noch nicht erklärt, und ich höre auch nicht heraus, dass Sie sich wirklich mit unserem Unternehmen auseinander gesetzt haben.«

Anruferin: »Doch, habe ich, im Internet.«

Personalverantwortliche: »Dann empfehle ich Ihnen, auf unserer Homepage nach passenden Stellenangeboten zu suchen. Unsere Seiten sind immer aktuell. Sie können sich ja bewerben, wenn Sie etwas Passendes finden.«

Anruferin: »Jetzt bin ich aber enttäuscht.«

Personalverantwortliche: »Lassen Sie den Kopf nicht hängen. Suchen Sie weiter. Ich kann Ihnen jedoch keine Hoffnungen machen.«

Anruferin: »Schade.«

Personalverantwortliche: »Tschüs, Frau äh.«

Anruferin: »Auf Wiederhören, Frau Koopmann.«

Der Anfang des Telefongespräches gelingt Frau Glaser noch ganz gut, sie wiederholt den Namen der Personalverantwortlichen bei der Begrüßung und nennt auch ihren Namen. Danach bricht sie jedoch ein, indem sie die allgemeine Aussage nachschickt »Ich wollte mich erkundigen, ob Sie freie Stellen haben.« Eigentlich müsste es Frau Glaser klar sein, dass diese Frage unsinnig ist. Denn was nützt es ihr, wenn das Unternehmen beispielsweise Produktionshelfer sucht? Schon an dieser Stelle wird das Gespräch für die angerufene Personalverantwortliche unerfreulich. Ohne nähere Kenntnis des Qualifikationsprofils von Frau Glaser kann sie die Frage nach offenen Stellen nicht beantworten, weshalb sie in ihrer Antwort auch sehr unbestimmt bleibt. Sie bejaht zwar, dass es generell offene Stellen gibt, aber sie versucht erst einmal zu erkunden, ob sie eine Bewerberin oder eine Mitarbeiterin einer Personalagentur in der Leitung hat.

Nachdem Frau Koopmann endlich erfahren hat, dass Frau Glaser eine Stelle für sich selbst sucht, eröffnet sie der Bewerberin die Möglichkeit, noch einmal neu zu beginnen. Mit der Frage »Was wollen Sie machen?« versucht sie, das berufliche Profil der Anruferin zu erfahren. Aber auch diesmal wird Frau Glaser nicht konkret genug, sondern erwähnt nur, dass sie in der Personalarbeit tätig sein möchte. Diese Aussage ist zu vage. Prompt legt Frau Koopmann mit der Frage nach: »Warum gerade bei uns?« Durch die unkonkrete Antwort nach ihrem Profil hat Frau Glaser nämlich den Verdacht aufkommen lassen, dass sie relativ ziellos umhertelefoniert.

Diese Einschätzung wird durch die Antwort der Bewerberin bestätigt: Sie geht nicht auf das Unternehmen oder zumindest die Branche ein, sondern lässt stattdessen durchblicken, dass sie in ihrer jetzigen Firma einen schweren Stand hat. Den Vorwurf, ihr jetziger Arbeitgeber sei zu konservativ, lässt Frau Koopmann ihr jedoch nicht durchgehen, sie weist die Anruferin zurecht. Daraufhin gibt sich Frau Glaser geknickt und versucht, Mitleid zu erregen – zudem mit schlechten Argumenten. Denn es ist in einer Bewerbungssituation nicht besonders überzeugend zuzugeben, dass man in der momentanen Stelle nur Routineaufgaben zu erledigen hat. Daraus entsteht nämlich bei Personalprofis stets der Verdacht, dass der Anruferin in ihrer jetzigen Firma nicht besonders viel zugetraut wird.

Auf Nachfrage muss Frau Glaser allerdings zugeben, dass sie eigentlich gar nicht weiß, ob sie nicht auch zusätzliche Aufgaben übernehmen könnte. Die Aufforderung von Frau Koopmann, das Schicksal doch in die eigenen Hände zu nehmen und sich zu erkundigen, lässt Frau Glaser in Bettelei verfallen. Statt darzustellen, welche Sonderaufgaben und Projekte sie gerne übernehmen würde, wiederholt sie noch einmal ohne nähere Begründung ihren Wunsch, das Unternehmen wechseln zu wollen. Ohne die

Angabe plausibler Gründe und ohne das eigene Profil auch nur ansatzweise darzustellen, läuft sie damit aber ins Leere.

Nun wird die Personalverantwortliche ungehalten. Sie verweist die Anruferin darauf, dass auch im neuen Unternehmen gearbeitet werden muss und auch ihre Mitarbeiter sich nicht den ganzen Tag kreativen Gedanken hingeben können. Mit dieser Polemik möchte Frau Koopmann die Anruferin endlich aus der Leitung drängen, aber Frau Glaser ist dazu noch nicht bereit. Daraufhin hagelt es Manöverkritik von der Personalverantwortlichen: Sie bemängelt ausdrücklich, dass sie nichts über die momentanen Aufgaben von Frau Glaser erfahren hat, ihr deren Stärken nicht klar geworden sind und dass die Anruferin sich im Vorfeld nicht genügend über das Unternehmen informiert hat. Es ist selten, dass Ablehnungsgründe so offen ausgesprochen werden.

Das Gespräch steuert jetzt ganz klar auf ein für die Bewerberin unbefriedigendes Ende zu. Frau Glaser verzieht sich in die Schmollecke und zeigt ihre Enttäuschung, aber sie hat sich selbst zuzuschreiben, dass das Gespräch nicht besser gelaufen ist. Folgerichtig bekommt sie zum Abschied von Frau Koopmann zu hören, dass diese ihr keine Hoffnungen machen kann.

Wir wissen, dass Telefongespräche wie diese leider häufiger vorkommen, als Sie vielleicht vermuten. Die Personalverantwortlichen müssen dann im dichten Nebel herumstochern, weil sie kein Profil der Anrufer erkennen können. Oder es werden bei Nachfragen von Unternehmensseite tatsächlich Antworten geliefert, die eher Zweifel an der Eignung des Bewerbers säen als seine Bewerbung zu unterstützen. So geht es nicht!

Nachdem Frau Glaser mit ihrer telefonischen Initiativbewerbung Schiffbruch erlitten hat, hat sie erkannt, dass Vorbereitung nötig ist. Sie überlegt sich Einstellungsargumente, die für sie sprechen, und durchleuchtet ihre bisherigen Tätigkeiten, um ein komplettes berufliches Profil aufzeigen zu können. Fest nimmt sie sich vor, diesmal auf die Schilderung von Schwierigkeiten zu verzichten und stattdessen ihre Stärken herauszustellen. Sie macht sich bewusst, in welchen Bereichen der Personalarbeit sie schon tätig war und wo sie über die Routinetätigkeiten hinaus mit Sonderaufgaben und Projekten in Berührung gekommen ist.

Ihre Erkenntnisse überführt die Bewerberin in eine Selbstpräsentation und greift mit neuem Schwung zum Hörer. Jetzt kennt sie ihre Stärken und will diese gezielt ins Gespräch bringen.

Personalverantwortliche: »Koopmann, guten Tag.«

Anruferin: »Guten Tag Frau Koopmann, hier ist Frauke Glaser.«

Personalverantwortliche: »Worum geht's?«

Anruferin: »Ich verfüge über mehrjährige Erfahrung in der gesamten Bandbreite der operativen Personalarbeit, wie zum Beispiel in der Personalrekrutierung, der Personalauswahl und der Personalberichterstattung. Sehen Sie eine Möglichkeit, diese Erfahrungen in Ihrem Unternehmen einsetzen zu können?«

Personalverantwortliche: »Da müsste ich schon etwas mehr über Ihr Profil erfahren.«

Anruferin: »Zurzeit arbeite ich im Personalbereich eines Mittelständlers. Der Vorteil für mich ist, dass ich sehr viele Bereiche der Personalarbeit kennen lernen konnte. Neben den üblichen Maßnahmen der Personalverwaltung wie der Urlaubsplanung, der Gehaltsabrechnung und der Festlegung von Schulungsmaßnahmen habe ich auch Aspekte der Personalentwicklung kennen gelernt. Der Kompetenzaufbau und die Entwicklungsplanung sind für mich interessante Maßnahmen, um Bewerbern zur nötigen Motivation auch bei großem Arbeitsanfall zu verhelfen. Allerdings wird dieser Punkt bei uns im Unternehmen nur rudimentär verfolgt. Ich weiß aus der Presse und aus Gesprächen mit Branchenkollegen, die ich auf Personalmessen geführt habe, dass Ihr Unternehmen viel Wert auf die Personalentwicklung legt und würde daher diesen Bereich bei Ihnen gerne vertiefen.«

Personalverantwortliche: »Sie haben sich ja schon einige Gedanken gemacht, in welche Richtung Sie sich weiter entwickeln wollen. In dem Bereich der Personalentwicklung sind wir zurzeit aber sehr gut besetzt.«

Anruferin: »Für mich ist wichtig, dass ich eine Entwicklungsperspektive habe. Es wäre für mich daher interessant, meine jetzigen Aufgaben in Ihrem Unternehmen weiterzuführen, um mich dann neben dem Tagesgeschäft an Personalentwicklungsprojekten zu beteiligen.«

Personalverantwortliche: »Ja, in dieser Richtung könnten wir eher zusammenkommen. Um eine Entscheidung treffen zu können, benötige ich von Ihnen aber eine schriftliche Bewerbung. Bis zu welchem Zeitpunkt wollten Sie denn Ihren Wechsel vollzogen haben?«

Anruferin: »Da ich in ungekündigter Stellung tätig bin, geht es für mich um einen mittelfristigen Wechsel.«

Personalverantwortliche: »Gut. Dann sagen Sie mir doch bitte noch einmal Ihren Vor- und Zunamen, damit ich Ihre Bewerbung auch einordnen kann.«

Anruferin: »Mein Name ist Frauke Glaser. Ich werde mich im Anschreiben auf unser Gespräch beziehen. Darf ich meine Unterlagen direkt an Sie schicken?«

Personalverantwortliche: »Das sollten Sie unbedingt machen. Allgemein gehaltene Bewerbungen werden zurzeit von uns aussortiert. Richten Sie Ihre Bewerbung an Ines Koopmann.«

Anruferin: »Vielen Dank Frau Koopmann. Gibt es etwas, das ich in meinem Anschreiben besonders herausstellen sollte?«

Personalverantwortliche: »Stellen Sie bitte ausführlich Ihre Erfahrungen in der Personalverwaltung vor und nennen Sie den frühestmöglichen Eintrittstermin. Wenn Sie im Personalbereich bereits mit SAP-Modulen in Berührung gekommen sind, wäre dies gut.«

Anruferin: »SAP ist bei uns vor zwei Jahren eingeführt worden. Daneben beherrsche ich selbstverständlich das MS-Office-Paket sicher.«

Personalverantwortliche: »Ich freue mich auf Ihre Bewerbung. Wir werden sicherlich noch einmal miteinander sprechen, Frau Glaser.«

Anruferin: »Sie erhalten noch diese Woche meine Unterlagen, Frau Koopmann. Vielen Dank für das informative Gespräch.«

Personalverantwortliche: »Auf Wiederhören, Frau Glaser.«

Anruferin: »Auf Wiederhören, Frau Koopmann.«

Die Vorbereitung der telefonischen Initiativbewerbung von Frau Glaser hat sich gelohnt. Nach der Begrüßung der angerufenen Personalverantwortlichen kann sie jetzt gleich ihr Profil thematisieren. Sie gibt dem Telefonat damit die gewünschte Richtung: die Auseinandersetzung mit ihrem beruflichen Können. Geschickt nennt Frau Glaser ein breites Spektrum in der Personalarbeit, das sie bereits kennen gelernt hat. Diesmal wird sie konkreter und es fallen die wichtigen Schlagworte »Personalrekrutierung«, »Personalauswahl« und »Personalberichterstattung«. Auf diese Weise wird die Personalverantwortliche bestens eingestimmt. Sie weiß sofort, um welche Arbeitsbereiche es grundsätzlich geht, was bei der telefonischen Initiativbewerbung besonders wichtig ist. Schließlich muss sich Frau Koopmann schon während des Gespräches Gedanken über mögliche Einsatzbereiche machen.

Dass das Kurzprofil der Bewerberin auf Interesse stößt, beweist Frau Koopmanns Bitte um nähere Ausführungen. Jetzt ist der Zeitpunkt gekommen, die vorbereitete Selbstpräsentation detaillierter auszuführen und Frau Glaser zählt wichtige Tätigkeiten auf, die sie in ihrer bisherigen Position kennen gelernt hat. Mit der von ihr gewählten Ausdrucksweise mit vielen Schlagwörtern erreicht sie eine hohe Informationsdichte. Auf unnötige Bewertungen und insbesondere die Thematisierung von Schwierigkeiten verzichtet sie. Abschließend liefert sie auch gleich die Begründung dafür, warum sie sich für eine Mitarbeit im angerufenen Unternehmen interessiert.

Mit dieser guten Selbstpräsentation gewinnt die Bewerberin das Wohlwollen der Personalverantwortlichen. Leicht wird es Frau Glaser aber dennoch nicht gemacht: Frau Koopmann lobt zwar, dass sich die Anruferin einige Gedanken gemacht hat, aber sie zieht eine Hürde ein, indem sie verkündet: »In dem Bereich der Personalentwicklung sind wir zurzeit aber sehr gut besetzt.« Frau Glaser lässt sich davon aber nicht beirren, sie stellt ganz klar ihren Wunsch heraus, zum angerufenen Unternehmen zu wechseln. Wenn ein Wechsel in die Personalentwicklung nicht gleich möglich wäre, würde sie zunächst auch gerne in ihrem bisherigen Aufgabenbereich tätig bleiben. Geschickt betont Frau Glaser die mittelfristige Perspektive und stellt die Aufstiegsmöglichkeiten im neuen Unternehmen in den Vordergrund, so muss sie erst gar nicht thematisieren, dass sie bei ihrem momentanen Arbeitgeber nicht ganz ausgelastet ist.

Der bisherige gute Eindruck am Telefon hat überzeugt, denn Frau Koopmann fordert die Bewerberin nun auf, schriftliche Bewerbungsunterlagen zuzusenden. Daran, dass sie ausdrücklich um den Vor- und Zunamen der Bewerberin bittet, kann man erkennen, dass sie der Bewerbung dieser Anruferin ihre besondere Aufmerksamkeit widmen wird. Dieses Interesse von Frau Koopmann nutzt die Bewerberin, indem sie fragt, was sie in ihrer schriftlichen Bewerbung besonders herausstellen sollte. Genannt werden ihr Erfahrungen in der Personalverwaltung und SAP-Erfahrung. Diese Anforderungen greift Frau Glaser noch im Gespräch auf. Auch bei ihrem momentanen Arbeitgeber ist SAP im Einsatz. Selbstbewusst setzt die Bewerberin noch hinzu, dass sie auch das MS-Office-Paket sicher beherrscht.

An diesem Telefonat zeigt sich ganz deutlich, wie wichtig es ist, mit einer vorbereiteten individuellen Selbstpräsentation ins Gespräch zu gehen. Frau Glaser hat ihr Etappenziel erreicht: Sie hat Zusatzinformationen erhalten, die Sie in ihre schriftlichen Unterlagen einarbeiten wird, und sie hat sich Sympathie bei der Personalverantwortlichen erworben. Ihr geschicktes Vorgehen hat sie ihrem Wunscharbeitsplatz ein großes Stück näher gebracht.

8

Passgenau bewerben: So nutzen Sie die neu gewonnenen Informationen

Den Erkenntnisgewinn, den Sie aus der telefonischen Bewerbung gezogen haben, sollten Sie unbedingt nutzen, um sich in den weiteren Schritten des Bewerbungsverfahrens passgenau zu präsentieren. Es wäre doch schade, wenn Ihre gute telefonische Vorarbeit wirkungslos verpuffen würde. Wir möchten Ihnen nun zeigen, wie die Überführung der in dem Telefongespräch erhaltenen Informationen in Ihre schriftlichen Unterlagen und Ihre Vorstellungsgespräche richtig funktioniert.

Das Telefongespräch mit dem Unternehmensvertreter muss nun ausgewertet werden, das heißt, Sie müssen sich über die Informationen, die Sie erhalten haben, klar werden. Nach der telefonischen Bewerbung ist eine intensive Analyse vonnöten. Werten Sie das Telefonat aus, damit Sie Ihre schriftlichen Unterlagen gezielt an die Wünsche des Unternehmens anpassen können. Lernen Sie, Ihre Bewerbung aus der Perspektive der umworbenen Firma voranzutreiben, und vermeiden Sie den Fehler der Bewerber-Egozentrik.

Fragen Sie sich: Was will das Unternehmen?

Leider kommt es häufiger vor, als Sie denken, dass Bewerber lieber über sich und ihre Wünsche reden, als auf die Anforderungen des Unternehmens einzugehen. Mit dieser Ichbezogenheit lässt sich im Bewerbungsverfahren jedoch nicht punkten, im Gegenteil schadet es Ihnen eher. Schließlich wird sich jedes Unternehmen bei der Bewerberauswahl für denjenigen entscheiden, der die Erwartungen am ehesten erfüllt. Sie müssen deshalb im gesamten Bewerbungsverfahren die Wünsche des Unternehmens berücksichtigen. Auch wenn dem die meisten Bewerber zustimmen würden, sieht es in der Praxis jedoch häufig anders aus. Statt ausdrücklich auf die Punkte einzugehen, die von Firmenseite her verlangt werden, verharren viele Stellensuchende in der Vergangenheit und benennen einfach nicht deutlich genug, welchen Nutzen das Unternehmen von einer Einstellung ihrer Person hätte.

▶ **Das sollten Sie sich merken:** Ein Unternehmen wird sich immer für denjenigen Kandidaten entscheiden, der die Erwartungen am ehesten erfüllt. Richten Sie sich deshalb nach den Wünschen der Unternehmen!

Praxisbeispiel: Eine Angestellte im Marketing eines Anbieters von Medizintechnik wollte in das Marketing von Konsumgütern eines Elektrokonzerns wechseln. Sie bat uns um Hilfe, da alle ihre Bewerbungsversuche bisher gescheitert waren, ihr jedoch die Gründe ihres Scheiterns unklar waren. Wir baten sie um eine Darstellung ihrer momentanen Aufgaben.

Ihre Selbstpräsentation war sehr informativ und bot einen guten Einblick in die Anforderungen des Marketings in der Medizintechnik. So stellte sie beispielsweise sehr stark auf die Beeinflussung von Interessengruppen wie Ärzte und Krankenhäuser ab. Allerdings wurden an keiner Stelle Berührungspunkte mit dem Konsumgütermarketing sichtbar. Sie thematisierte weder, dass es im Komsumgüterbereich mehr um die individuellen Kundenwünsche geht, noch warum sie fähig wäre, diesen Marketingansatz in den Griff zu bekommen.

Wir mussten mit ihr trainieren, aus der Sicht des neuen Arbeitgebers zu argumentieren. Dazu stellten wir diejenigen Erfahrungen heraus, die auch für das Konsumgütermarketing entscheidende Bedeutung haben. Denn schließlich war der berufliche Erfahrungsschatz, den sie vorweisen konnte, riesig. Mit der neuen Schwerpunktbildung in ihrer Selbstpräsentation schaffte sie schließlich den Wechsel in die neue Branche.

An dem Beispiel sehen Sie, dass Sie nicht komplett umschwenken müssen, um sich auf die Wünsche der Unternehmen einzustellen. Die Basis für Ihre Bewerbungsaktivitäten bildet nach wie vor die von Ihnen entwickelte Selbstpräsentation. Sie ist das Herzstück sowohl der telefonischen als auch der schriftlichen Bewerbung und des Auftrittes im Vorstellungsgespräch. Allerdings sollten Sie die in Ihrer telefonischen Bewerbung erfahrenen Informationen in Ihre Selbstdarstellung einfließen lassen.

Führen Sie deshalb nach jedem Telefonat eine gründliche Auswertung durch. Lassen Sie das Gespräch noch einmal Revue passieren und notieren Sie das von Ihrem Gesprächspartner Gesagte und Ihre Erkenntnisse. Halten Sie schriftlich fest, auf welche Fachkenntnisse das Unternehmen besonderen Wert legt, welche Soft Skills verlangt werden und welche Zusatzqualifikationen gefragt sind. In der Praxis könnte eine solche Gesprächsauswertung folgendermaßen aussehen.

Gesprächsauswertung einer Vertriebsassistentin

Unverzichtbare fachliche Kenntnisse:	• Absatzplanung • Auswertung von Verkaufsstatistiken • Marktbeobachtung und -analyse
Zentrale Soft Skills:	• Analytische Fähigkeiten • Zuverlässigkeit • Kundenorientierung

Wichtige Zusatz-	• PowerPoint
qualifikationen:	• Englisch
	• SPSS-Kenntnisse

Anschreiben und Lebenslauf passgenau ausgestalten

Nachdem Sie Ihre Ergebnisse aus der telefonischen Bewerbung präzise erfasst haben, sollten Sie sich an die Umsetzung dieser Erkenntnisse in Ihre schriftlichen Unterlagen machen. Alle Aspekte, die im Telefongespräch vom Unternehmensvertreter als wichtig oder besonders interessant für das Unternehmen herausgestellt wurden, müssen auch in Ihrem Anschreiben und in Ihrem Lebenslauf auftauchen.

Ihre fachlichen Kenntnisse sollten Sie stichwortartig und mit Schlagwörtern aufführen, während Sie Ihre Soft Skills anhand von Beispielen aus der Berufspraxis belegen sollten. Wie sich die Gesprächsauswertung der Vertriebsassistentin in ihre schriftlichen Unterlagen überführen lässt, können Sie der nachstehenden Übersicht entnehmen.

Formulierungen in Anschreiben und Lebenslauf

• **Im Anschreiben**

Sehr geehrter Herr Schneider,

vielen Dank für das informative Telefongespräch. Wie bereits erwähnt, verfüge ich über umfassende Berufserfahrung in der Absatzplanung, der Auswertung von Verkaufsstatistiken sowie der Marktbeobachtung und -analyse. Ich arbeite direkt dem Vertriebsleiter zu und unterstütze den Außendienst.

Die Programme PowerPoint und SPSS beherrsche ich sicher. Meine Englischkenntnisse sind gut.

- **Im Lebenslauf**

10/1998 bis heute	Großhandel KG aA, Bielefeld, Vertriebsabteilung, <u>Vertriebsassistentin</u>, Tätigkeiten: Absatzplanung, Marktbeobachtung, Analyse der Absatzzahlen, Verkaufsförderung, Erstellung von Produktpräsentationen
Zusatzqualifikationen	EDV: MS-Word, MS-Excel, MS-PowerPoint, SPSS (alle sehr gut) Sprachen: Englisch (gut)

Wir möchten an dieser Stelle nicht intensiver auf die Erstellung der schriftlichen Unterlagen eingehen, da der Schwerpunkt dieses Ratgebers die telefonische Bewerbung ist. Wenn Sie an weiteren Anregungen und Vorlagen für die Ausarbeitung Ihrer schriftlichen Unterlagen interessiert sind, sollten Sie einen Blick in *Die Bewerbungsmappe mit Profil für Um- und Aufsteiger* werfen. Dort zeigen wir anhand zahlreicher Originalunterlagen im DIN-A4-Format, wie sich optimale Bewerbungsmappen ausarbeiten lassen.

Überzeugend im Vorstellungsgespräch

Auch für Ihre Vorstellungsgespräche können Sie auf die Informationen aus der telefonischen Bewerbung zurückgreifen. Flechten Sie diese Informationen in Ihre Ausführungen ein, um zu signalisieren, dass Sie sich ernsthaft mit gerade diesem Arbeitsplatz auseinander gesetzt haben. Natürlich ist dies dann am wirkungsvollsten, wenn Sie im Vorstellungsgespräch auf Personen treffen, mit denen Sie bereits telefoniert haben. Dann können Sie mit dem Verweis auf frühere Telefonkontakte ein Gefühl der Vertrautheit herstellen, das Ihnen einen weiteren Vorsprung vor anderen Bewerbern verschafft.

Außerdem bewerben Sie sich in der Regel nicht nur bei einem Unternehmen, sondern bei mehreren. Da kann es schon einmal vorkommen, dass in der bloßen Erinnerung einige Informationen durcheinander geraten. Hinzu kommt noch, dass zwischen der telefonischen Bewerbung und dem persönlichen Kennenlernen einige Wochen verstreichen. Es bleibt also nicht alles im Gedächtnis haften, und was im Gespräch noch für »Aha-Effekte« sorgte, kann im Laufe der Zeit untergehen. Auch an dieser Stelle zeigt sich, dass ein schriftliches Festhalten der Gesprächsergebnisse aus der telefonischen Bewerbung von Nutzen ist. Es wäre doch mehr als peinlich, wenn Sie in einem Vorstellungsgespräch auf Informationen verweisen, die Ihnen der Vertreter eines anderen Unternehmens gegeben hat.

Bewahren Sie deshalb Ihre Notizen über die von Ihnen geführten telefonischen Bewerbungen gut auf. Legen Sie einen Bewerbungsordner an und ordnen Sie den jeweiligen Stellen auch die weiteren Informationen wie Stellenanzeigen, Informationen aus dem Internet oder Korrespondenz mit den Firmen zu. Mit diesem Archiv behalten Sie den Überblick und können sich außerdem zur Vorbereitung Ihres Vorstellungsgesprächs perfekt einstimmen. Machen Sie diese zusätzliche Vorbereitung auch für die Unternehmensseite erkenntlich, indem Sie Formulierungen wie »Ich habe mich gefreut, von Ihnen zu hören, dass ...« oder »Sie hatten ja bereits am Telefon erwähnt, dass Ihnen ... besonders wichtig ist.« verwenden. Bleiben Sie bei Ihrer souveränen Linie und lassen Sie durchblicken, dass Sie gut zuhören und wichtige Informationen nutzen können.

Die folgende Aufzählung wird Ihnen zeigen, wie Ihre Formulierungen aussehen könnten. Lassen Sie sich von diesen Beispielsätzen für Ihre Vorstellungsgespräche inspirieren und nutzen Sie nach dem Motto »steter Tropfen höhlt den Stein« souverän die Zusatzinformationen aus Ihrer telefonischen Bewerbung.

- »Schon in unserem ersten Telefonat haben Sie betont, dass Sie eine Bewerberin suchen, die über gute Kenntnisse im Personalmarketing verfügt. Ich habe bereits Stellenausschreibungen betreut und auch die Agentursteuerung übernommen.«

- »Ich interessiere mich für die Stelle, weil ich auch momentan schwerpunktmäßig mit dem Service befasst bin. Auch meine jetzige Stelle stellt hohe Anforderungen an die Reisebereitschaft. Ich werde gerne auch weiterhin Einsätze außer Haus übernehmen.«

- »Es hat mich gefreut zu hören, dass Sie Wert auf die enge Verzahnung von Vertrieb und Marketing legen. An dieser Schnittstelle bin ich bereits seit zwei Jahren tätig.«

- »Wie ich aus unserem Gespräch am Telefon entnehmen konnte, legen Sie Wert auf aktuelle Kenntnisse in der objektorientierten Programmierung. Darum habe ich mich aktiv gekümmert und halte meine Kenntnisse durch geeignete Seminare auf dem Laufenden.«

- »Da Sie eine neue Produktlinie am Markt etablieren wollen, ist Aufbauarbeit gefragt. Für meinen früheren Arbeitgeber habe ich bereits mehrere Produkteinführungen betreut und weiß, welche Aufgaben dabei zu lösen sind.«

- »Die internationale Projektierung, die Sie in unserem letzten Telefonat angesprochen haben, reizt mich als mittelfristige Perspektive sehr. Ich würde mich freuen, wenn ich mich bei Ihnen in diese Richtung entwickeln könnte.«

- »Sie hatten mir gegenüber erwähnt, dass Sie auch Geschäftsbeziehungen nach Südamerika unterhalten. Ich bin gerne bereit, meine Spanischkenntnisse weiter auszubauen, wenn das für Sie interessant ist.«

- »Ich habe mich sehr gefreut, dass meine Weiterbildung zur Qualitätsmanagerin für Sie besonders interessant ist. Selbstverständlich bin ich gerne bereit, mich in bereichsübergreifenden Qualitätszirkeln zu engagieren.«

9

Telefoninterview: Die Firma ruft zurück

Es gibt viele gute Gründe für ein Unternehmen, vor der Einladung zum persönlichen Kennenlernen ein Telefoninterview durchzuführen. Einer der Hauptgründe ist natürlich die Absicht, Kosten zu sparen: Denn wenn Bewerberinnen und Bewerber zu einem Vorstellungsgespräch am Firmensitz eingeladen werden, sind die dabei entstehenden Unkosten für Anreise und Unterbringung in der Regel von der Firma zu erstatten.

Hinzu kommen organisatorische Kosten: Ein Raum für das Vorstellungsgespräch muss bereitgestellt werden, und die möglichen Gesprächspartner – Personalverantwortlicher, Fachvorgesetzter, Betriebsrat, Geschäftsführer – müssen von ihrer täglichen Arbeit freigestellt werden. Da Vorstellungsgespräche gut und gerne zwei oder mehr Stunden dauern können, ist auch der Zeitaufwand nicht unerheblich. Diese Kosten lassen sich reduzieren, wenn man es schafft, die Zahl der Kandidaten, die letztendlich zum persönlichen Treffen gebeten werden, zuvor zu reduzieren. Dabei hilft der Einsatz von Telefoninterviews.

Das ist neu: Aus der Absicht der Firmen, mit dem Telefoninterview Kosten zu sparen, wird auch die Besonderheit dieser Methode deutlich: Es geht nicht darum, einen bestimmen Kandidaten auszuwählen, sondern eine erste Vorauswahl interessanter Bewerber zu treffen. Das Telefoninterview dient also vorrangig dem Aussortieren uninteressanter Bewerber.

Damit Sie nicht zu der Gruppe der frühzeitig aussortierten Kandidaten gehören, sollten Sie sich rechtzeitig mit den Besonderheiten des Telefoninterviews auseinander setzen. Ganz wichtig ist hierbei: Im Telefoninterview müssen Sie sozusagen mit dem Klingeln zur Höchstform auflaufen. Schwächephasen können Sie sich hier nicht erlauben, denn sonst ist das Interesse des Firmenvertreters an Ihnen schnell erloschen. Dann bekommen Sie erst gar nicht die Chance, Ihr fachliches Können und Ihre Soft Skills im direkten Kontakt in Szene zu setzen.

Damit Sie sehen, wie ein Telefoninterview verlaufen kann, und wo die gängigen Stolpersteine ausgelegt werden, haben wir für Sie ein misslungenes Telefoninterview nachgestellt. Anschließend analysieren wir für Sie, wo sich der Bewerber im Einzelnen um die Einladung zum Vorstellungsgespräch gebracht hat. Wie es besser geht, zeigen wir dann in einem gelungenen Telefoninterview.

Misslungenes Telefoninterview

Der Kandidat aus dem folgenden Telefoninterview, Herr Rolfs, hat sich bei der Firma PTC, einem Sondermaschinenhersteller, beworben. Die Firma hat über das Sekretariat einen Termin für ein Telefonat vereinbart. Man hat Herrn Rolfs angekündigt, dass sich der Personalreferent, Herr Backhaus, telefonisch mit ihm in Verbindung setzen wird, um einige Fragen zu seiner Bewerbung zu klären. Nun ist es so weit, und der vereinbarte Zeitpunkt für das Telefoninterview ist da. Das Telefon klingelt, und gespannt nimmt Herr Rolfs den Hörer ab.

Personalreferent: »Firma PTC, Personalabteilung. Guten Tag Herr Rolfs, mein Name ist Jens Backhaus. Es freut mich, dass Sie sich die Zeit genommen haben, jetzt für einige Fragen zur Verfügung zu stehen. Haben Sie noch Fragen zum Ablauf, oder sollen wir gleich loslegen?«

Bewerber: »Na, da hab ich ja wohl keine Wahl. Sie sagen mir bestimmt gleich, wo es langgeht.«

Personalreferent: »Nein, Herr Rolfs, dieser Anruf dient dazu, dass ich mir ein besseres Bild über Sie und Ihre Bewerbungsabsichten machen kann. Selbstverständlich ist dieses Gespräch keine Einbahnstraße. Sicherlich haben auch Sie Fragen, die Ihnen auf den Nägeln brennen.«

Bewerber: »Was für ein Gehalt ist denn vorgesehen? In der Stellenanzeige konnte ich dazu keine Angaben finden.«

Personalreferent: »Wenn ich den Eindruck gewinne, dass Sie der Richtige für uns sind, werden wir in diesem Punkt sicherlich Einigkeit erzielen. Zunächst möchte ich Ihnen aber einige Fragen stellen, um das Bild, das ich von Ihnen habe, zu komplettieren.«

Bewerber: »Na gut.«

Personalreferent: »Warum haben Sie sich denn bei uns beworben?«

Bewerber: »Ich hab die Zeitungen durchgesehen und bin auf Ihre Anzeige gestoßen. Bei uns in der Firma ist die Auftragslage momentan nicht so gut. Da dachte ich, ich seh mich einmal rechtzeitig um.«

Personalreferent: »Was genau hat Sie an der Stellenanzeige denn angesprochen?«

Bewerber: »Ja ... äh, es passte ganz gut.«

Personalreferent: »Wo sehen Sie denn Ihre beruflichen Stärken?«

Bewerber: »Ich komme gut mit meinen Aufgaben zurecht. Als Elektrotechniker ist man ja sozusagen eine Allroundwaffe. Sicherlich musste ich auch schon Arbeiten machen, die mir nicht so lagen. Aber da beiße ich mich dann durch.«

Personalreferent: »Aha.«

Bewerber: »Ach, und was mir noch zu meinen Stärken einfällt, ich bin teamfähig und motiviert.«

Personalreferent: »Woran machen Sie das fest?«

Bewerber: »Na, das gehört doch heutzutage dazu, wenn man erfolgreich arbeiten will.«

Personalreferent: »Was verstehen Sie denn genau unter Teamfähigkeit?«

Bewerber: »Im Team zu arbeiten.«

Personalreferent: »Konnten Sie in Ihrer Arbeit schon einmal besondere Erfolge erzielen?«

Bewerber: »Na ja, besondere Erfolge, ich weiß nicht so recht. Ich habe halt meine beruflichen Aufgaben, die man mir gegeben hat, bearbeitet. Und im Großen und Ganzen ist auch alles gut gelaufen. Vielleicht ist es ein besonderer Erfolg, dass ich noch in der Firma bin. In letzter Zeit sind ja viele Mitarbeiter entlassen worden.«

Personalreferent: »Gab es denn auch einmal Misserfolge, und wie sind Sie damit umgegangen?«

Bewerber: »Misserfolg gehört dazu. Nachher weiß man dann meistens, woran es gelegen hat. Aber von Anfang an ist das nicht unbedingt klar. Misserfolge sind für mich Chancen, um etwas besser machen zu können.«

Personalreferent: »In Ihren Unterlagen haben Sie Ihre Kenntnisse in der Anlageninbetriebnahme besonders herausgestellt. Kann ich davon ausgehen, dass die Inbetriebnahme auch ein Schwerpunkt Ihrer momentanen Tätigkeit ist?«

Bewerber: »Momentan mache ich mehr Serviceeinsätze. Aber Inbetriebnahme habe ich auch schon gemacht. Im Team natürlich.«

Personalreferent: »Bei Ihrem vorherigen Arbeitgeber, der Maschinenbau GmbH, waren Sie nur fünf Monate beschäftigt. Gab es Schwierigkeiten in der Probezeit?«

Bewerber: »Nö. Ich habe gute Arbeit abgeliefert, wie immer. Aber im Management wurden zu viele Fehler gemacht. Im Nachhinein habe ich auch bereut, dass ich überhaupt zu dieser Firma gegangen bin.«

Personalreferent: »Wie ist denn überhaupt Ihre berufliche Entwicklung bis zum heutigen Tag verlaufen?«

Bewerber: »In meinen Unterlagen ist das ja im Einzelnen aufgeführt. Ich habe zuerst einen Hauptschulabschluss gemacht. Damals hatte ich es noch nicht so mit der Schule. Nach der Bundeswehr habe ich dann aber meine Fachhochschulreife gemacht und eine Lehre als Energieanlagenelektroniker absolviert. Dann habe ich gearbeitet und mich zum staatlich geprüften Elektrotechniker fortgebildet. Es folgte eine Tätigkeit bei Meyer & Söhne mit wechselnden Aufgabengebieten, bevor es dann den Ausrutscher mit der Maschinenbau GmbH gab. Bei meinem jetzigen Arbeitgeber bin ich seit vier Jahren.«

Personalreferent: »Ja, so haben Sie es auch in Ihren Unterlagen skizziert. Ich dachte, dass Sie mir jetzt vielleicht noch einige besondere Gründe nennen, warum ich Sie anderen Bewerbern gegenüber vorziehen sollte.«

Bewerber: »Meine Berufserfahrung spricht für mich. Ich bin leistungsbereit und einsatzwillig. Mit mir würden Sie sich einen guten Mann ins Team holen.«

Personalreferent: »Wir werden sehen. Sie hören dann von uns. Erst einmal danke fürs Gespräch.«

Bewerber: »Das war es schon?«

Personalreferent: »Ja, es sei denn, Sie haben noch eine Frage?«

Bewerber: »Wie ist es denn nun mit dem Gehalt?«

Personalreferent: »Die Antwort erhalten Sie zu gegebener Zeit. Jetzt wartet ein anderer Termin auf mich. Auf Wiederhören, Herr Rolfs.«

Bewerber: »Äh, hoffentlich, tschüs.

Leider hat Herr Rolfs sich auf sein Telefoninterview nicht ausreichend vorbereitet. Das Gespräch läuft von Anfang an in die falsche Richtung. Bereits mit dem freundlichen Einstieg des Personalreferenten kann der Bewerber nicht umgehen, denn dessen Redewendung »Es freut mich, dass Sie sich die Zeit genommen haben, jetzt für einige Fragen zur Verfügung zu stehen.« dient lediglich der Auflockerung zu Gesprächsbeginn. Schon an dieser Stelle reagiert Herr Rolfs falsch, weil er sich mit seiner Entgegnung »Na, da hab ich ja wohl keine Wahl.« in die Defensive begibt. Er scheint kein Interesse an einer aktiven Gesprächsführung zu haben und neigt anscheinend zu Fatalismus.

Herr Backhaus versucht noch einmal einen Neustart, indem er Herrn Rolfs auffordert, das Telefoninterview nicht als Verhör zu begreifen, sondern auch eigene Fragen zu stellen. Aber diese Chance nutzt der Bewerber nicht, stattdessen setzt er sich erneut in die Nesseln. Mit seiner Frage »Was für ein Gehalt ist denn vorgesehen?« zeigt er gleich zu Anfang, dass er weniger an den inhaltlichen Aufgabenstellungen interessiert ist, sondern vorrangig die Höhe des Gehalts im Auge hat. Wie zu erwarten, geht Herr Backhaus nicht auf die Frage ein, sondern verweist darauf, dass zuerst einmal die Überprüfung des Bewerberprofils im Vordergrund steht und Gehaltsverhandlungen erst dann geführt werden, wenn ein Kandidat geeignet erscheint.

Mit der Frage »Warum haben Sie sich denn bei uns beworben?« will der Personalreferent zunächst einmal den Motiven der Bewerbung nachspüren. Er erhält jedoch von Herrn Rolfs keine befriedigende Antwort. Vielmehr lässt der Bewerber durchblicken, dass sein momentaner Arbeitsplatz in Gefahr ist und er sich eher wahllos beworben hat, um in einem anderen Unternehmen Unterschlupf zu finden. Trotz seiner unbedachten Antwort erhält der Bewerber auch hier eine zweite Chance. Mit der Frage »Was genau hat Sie an der Stellenanzeige denn angesprochen?« möchte Herr Backhaus herausfinden, ob sich der Bewerber überhaupt Gedanken über sein berufliches Profil gemacht hat und ob er sich sicher ist, die neuen Aufgaben in den Griff zu bekommen.

Herr Rolfs reagiert wie gewohnt, nämlich falsch und einsilbig. Näheren Ausführungen, warum denn die neue Stelle gut zu seinen bisherigen beruflichen Erfahrungen passen würde, geht er aus dem Weg. Er scheint sich keine Gedanken über seine beruflichen Vorzüge gemacht zu haben. Vielleicht hat er sich ja bisher einfach durchgewurschtelt, ohne besondere Stärken zeigen zu müssen. Um diese negative Einschätzung zu überprüfen, schiebt Herr Backhaus direkt die Frage nach seinen beruflichen Stärken nach. Herr Rolfs bezeichnet sich daraufhin als »Allroundwaffe«, kann also wiederum kein individuelles Profil deutlich machen.

Irgendwo im Hinterkopf scheint dann doch noch eine Warnlampe bei Herrn Rolfs anzugehen, denn er führt noch schnell die Begriffe »teamfähig« und »motiviert« auf. Leider wirkt seine Antwort beliebig, da er keine Beispiele für seine Teamfähigkeit und seine Fähigkeit zur Eigenmotivation liefert. Natürlich nagelt der Personalreferent ihn an dieser Stelle fest und fragt ihn: »Woran machen Sie das fest?« In seiner Antwort gibt Herr Rolfs klar zu erkennen, dass er nicht über seine Stärken reflektiert hat, sondern einfach zwei Eigenschaften, die ihm positiv erscheinen, anbringt. Denn auf die Frage, was Teamfähigkeit denn für ihn bedeute, kann er wiederum keine vernünftige Antwort liefern.

Die nächsten zwei Fragen sind ebenfalls Klassiker in Bewerbungsgesprächen: Herr Backhaus fragt nach beruflichen Erfolgen und Misserfolgen. Wieder rächt sich die schlechte Vorbereitung, und ein besonderer Erfolg will dem Bewerber nicht einfallen. Für ihn ist es schon ein Erfolg, überhaupt noch bei seinem jetzigen Arbeitgeber beschäftigt zu sein! Misserfolge kann Herr Rolfs dagegen in großer Zahl aufführen. Eigentlich meint er ganz richtig, dass Fehler eine Chance sind, die Dinge zukünftig besser zu machen. Mit seiner ungeschickten Ausdrucksweise vermittelt er aber eher den Eindruck, dass alles, was er macht, erst einmal schief geht.

Warum der Personalreferent nicht bereits an dieser Stelle das Telefoninterview abbricht, liegt wohl daran, dass er Kummer gewöhnt ist. Vielleicht entpuppt sich Herr Rolfs ja noch als Fachmann im hier gesuchten Bereich »Anlageninbetriebnahme«. Leider scheint der Bewerber einen richtig schlechten Tag zu haben, denn statt seine Erfahrungen in der Inbetriebnahme auszuführen, fällt ihm nur ein, dass ihm dieser Arbeitsbereich entzogen und er in den Service abgeschoben wurde.

Da der Bewerber im Lebenslauf aufgeführt hatte, bei einem früheren Arbeitgeber nur fünf Monate beschäftigt gewesen zu sein, versucht der Personalreferent natürlich, die Gründe dafür herauszufinden. Herr Rolfs will nicht so richtig mit der Sprache herausrücken, aber irgendetwas scheint vorgefallen zu sein, da er »bereut, dass ich überhaupt zu dieser Firma gegangen bin«.

Auch die letzte Aufforderung, Informationen zu liefern, die nicht bereits in den schriftlichen Unterlagen enthalten sind, lässt Herr Rolfs verstreichen. Auf die direkte Bitte, Gründe für seine Einstellung zu nennen, flüchtet er sich in Floskeln wie »ich bin leistungsbereit und einsatzwillig«. Damit kann er natürlich nicht überzeugen. Schließlich ist die Geduld des Personalreferenten erschöpft, und das Gespräch wird beendet.

Gelungenes Telefoninterview

Am nachfolgenden Positivbeispiel können Sie nun im Detail nachvollziehen, wie Herr Rolfs diesmal punktet. Aber zuvor sollten Sie sich noch einmal unsere am Anfang dieses Buches vorgestellte Profil-Methode ins Gedächtnis rufen, die auch für das Telefoninterview gilt: Bewerber zeigen dann Profil, wenn sie passgenau, stärkenorientiert und glaubwürdig auftreten. Diese drei Anforderungen hat Herr Rolfs im misslungenen Interview in keiner Weise erfüllt: Er konnte nicht deutlich machen, warum gerade er die passende Stellenbesetzung wäre; er hat seine Stärken weder erkannt noch plausibel darstellen können und er hat zu viele Floskeln benutzt, die ihn unglaubwürdig erscheinen ließen.

Zum Glück geht es auch anders. Herr Rolfs hat sich diesmal im Vorfeld des Telefoninterviews intensiv mit seinem Profil auseinander gesetzt: Seine Selbstpräsentation hat er passgenau auf die Stellenanzeige zugeschnitten. Ihm ist bewusst, welche Arbeiten ihm besonders gut von der Hand gehen, und für diese Stärken hat er auch Belege gefunden. Mit den passenden Beispielen aus seiner Berufspraxis kann er nun auch die Glaubwürdigkeit ausstrahlen, die einen Bewerber interessant macht.

Personalreferent: »Firma PTC, Personalabteilung. Guten Tag Herr Rolfs, mein Name ist Jens Backhaus. Es freut mich, dass Sie sich die Zeit genommen haben, jetzt für einige Fragen zur Verfügung zu stehen. Haben Sie noch Fragen zum Ablauf, oder sollen wir gleich loslegen?«

Bewerber: »Guten Tag Herr Backhaus. Es ist doch selbstverständlich, dass ich mir Zeit für Sie nehme. Ich beantworte Ihnen gerne Ihre Fragen.«

Personalreferent: »Warum haben Sie sich denn gerade bei uns beworben?«

Bewerber: »Mich hat besonders der Punkt der Anlageninbetriebnahme auch im Ausland angesprochen. In meiner jetzigen Tätigkeit bin ich bereits für die Inbetriebnahme von Spezialmaschinen verantwortlich. Auslandseinsätze habe ich immer gerne wahrgenommen. Momentan konzentriert sich mein Arbeitsfeld aber zunehmend auf den Servicebereich. Daher möchte ich gerne wieder vermehrt in der internationalen Inbetriebnahme tätig werden.«

Personalreferent: »Schön, dass Sie auch für Auslandseinsätze zur Verfügung stehen. Was sagt denn Ihre Familie dazu?«

Bewerber: »Meine Frau ist es gewohnt, dass ich nationale und internationale Einsätze übernehme. Es ist ja nicht so, dass ich auf Dauer von Zuhause weg wäre. Mit ein bisschen Geschick lässt sich das alles organisieren.«

Personalreferent: »Wo sehen Sie Ihre beruflichen Stärken, Herr Rolfs?«

Bewerber: »Eine wesentliche Stärke ist wohl mein Geschick, Kundenwünsche und Unternehmensinteressen miteinander zu verbinden. Im Sondermaschinenbau geht es darum, spezifische Lösungen anzubieten. Eine sorgfältige Analyse der bestehenden Fertigungsprozesse beim Kunden ist der erste Schritt, der zweite dann die präzise Spezifikation der neuen Anlage. Allerdings kann man sich nicht nur auf die Wünsche des Kunden verlassen. Oftmals ist es auch sinnvoll, die Innovation zum Kunden zu bringen. Während meiner Zeit in der Prototypenentwicklung konnte ich an einigen interessanten Lösungen mitarbeiten, die sich auf dem Markt durchgesetzt haben.«

Personalreferent: »Das interessiert mich jetzt etwas genauer.«

Bewerber: »Ich habe unter anderem eine neue Softwaresteuerung für die Anpassung digitaler Servoachsen entwickelt und an einer automatisierten Schaltplanbearbeitung mitgewirkt.«

Personalreferent: »Würden Sie sagen, dass die beiden erwähnten Aufgaben zu Ihren herausragenden Erfolgen gehören?«

Bewerber: »Das waren sicherlich sehr schöne Erfolge, die sich auch direkt im Unternehmensumsatz und -gewinn niedergeschlagen haben. Als besondere Erfolge würde ich aber auch die erfolgreiche Inbetriebnahme von Kunststoffbearbeitungsmaschinen unter anderem in Tschechien und in Polen sehen. Die Anlagen sind von mir sehr bedienerfreundlich konfiguriert worden und sehr flexibel in der Umstellung.«

Personalreferent: »Gab es auch einmal Misserfolge?«

Bewerber: »Nicht dort, wo es Konsequenzen gehabt hätte. Ich habe es mir zur Maxime gemacht, inhouse sehr komplexe Tests laufen zu lassen. Auch Computersimulationen helfen bei der Berechnung von Belastungsspitzen. Sicherlich musste ich dabei die eine oder andere Entwicklung modifizieren, bis sie optimal lief.«

Personalreferent: »Bei Ihrem vorherigen Arbeitgeber, der Maschinenbau GmbH, waren Sie nur fünf Monate beschäftigt. Gab es Schwierigkeiten in der Probezeit?«

Bewerber: »Nein, das Unternehmen ist in wirtschaftliche Schwierigkeiten geraten. Leider hat man mir zum Zeitpunkt meines Eintritts nicht alle Karten auf den Tisch gelegt. Schon damals war absehbar, dass die Insolvenz drohte. Ich möchte die Zeit allerdings nicht missen, da ich in den fünf Monaten meine Kenntnisse in der innovativen Prozesssteuerung ausbauen konnte.«

Personalreferent: »Sind Sie mit Ihrer beruflichen Entwicklung zufrieden?«

Bewerber: »Das bin ich, Herr Backhaus. Gerade zu Anfang meiner beruflichen Entwicklung habe ich mich durchgebissen und nach einem Hauptschulabschluss meine Fachhochschulreife erworben. Nach meiner Ausbildung zum Energieanlagenelektroniker habe ich die Installation von Sondermaschinen für die Holz verarbeitende Industrie betreut. Nach meiner Fortbildung zum Elektrotechniker habe ich in den Bereichen Kundenservice, Außendienst und Konstruktionsbüro bei der Meyer & Söhne KG gearbeitet. Meine bereichsübergreifenden Tätigkeiten haben mich für die Gestaltung interner Abläufe sensibilisiert. Auch den guten Draht zum Kunden konnte ich schon in dieser Zeit aufbauen. Seit vier Jahren bin ich bei meinem jetzigen Arbeitgeber tätig und übernehme dort neben der nationalen und internationalen Inbetriebnahme die Automatisierung und Rationalisierung der Projektbearbeitung in der Elektrokonstruktion. In den Bereichen objektorientierte Programmierung und CAE habe ich mich ständig weitergebildet. Englisch spreche ich sehr gut und daneben etwas italienisch und polnisch.«

Personalreferent: »Ich bin mit meinen Fragen für heute durch. Haben Sie noch Fragen, Herr Rolfs?«

Bewerber: »Für mich wäre interessant, in welchem Verhältnis Inbetriebnahme und Service zueinander stehen. Ich hatte ja schon erwähnt, dass ich durchaus daran interessiert bin, die Inbetriebnahme wieder mehr in den Vordergrund zu stellen.«

Personalreferent: »Bei uns sind Service und Inbetriebnahme getrennte Bereiche, auch wenn sie sehr eng zusammenarbeiten. In dem von Ihnen angestrebten Arbeitsfeld würde die Inbetriebnahme im Vordergrund stehen.«

Bewerber: »Das bestätigt mich in der Absicht, für Sie tätig zu werden. Ich möchte nach wie vor gerne in Ihr Unternehmen wechseln. Wie geht es jetzt weiter?«

Personalreferent: »Ich werde noch mit einigen anderen Kandidaten telefonieren, kann Ihnen aber jetzt schon sagen, dass wir Sie zu einem persönlichen Vorstellungsgespräch einladen.«

Bewerber: »Das freut mich sehr.«

Personalreferent: »Sie bekommen dann in den nächsten Tagen Post von uns, bis bald Herr Rolfs.

Bewerber: »Auf Wiederhören, Herr Backhaus.«

Personalreferent: »Auf Wiederhören, Herr Rolfs.«

Diesmal nimmt Herr Rolfs gleich zu Beginn die richtige Weichenstellung für das Telefoninterview vor. Auf den Small Talk zu Beginn des Gespräches reagiert er gewandt mit »Es ist doch selbstverständlich, dass ich mir Zeit für Sie nehme. Ich beantworte Ihnen gerne Ihre Fragen.« Der Personalreferent weiß nun, dass sich Herr Rolfs auf das Gespräch eingestellt hat und bereit ist, echte Informationen zu liefern.

Die erste Frage »Warum haben Sie sich denn gerade bei uns beworben?« bringt den Bewerber nicht aus dem Konzept, ganz im Gegenteil: Herr Rolfs liefert einen Abgleich seines Könnens mit den Anforderungen, die in der Stellenanzeige genannt wurden. Er geht auch gleich auf die zentralen Punkte »Anlageninbetriebnahme« und »Auslandseinsätze« ein. Zudem liefert er einen nachvollziehbaren Grund für seinen Stellenwechsel: Der Bereich, in dem er seine Stärken am besten einsetzen kann, nämlich die Anlageninbetriebnahme, hat in seiner momentanen Tätigkeit zurzeit nicht mehr Vorrang. Daher möchte Herr Rolfs zu einer Stelle wechseln, in der die Inbetriebnahme eine größere Rolle spielt.

Probleme, Schwierigkeiten oder Überforderung tauchen in der Antwort von Herrn Rolfs nicht auf. Er wählt die richtige Strategie, indem er die zukünftigen Aufgaben in den Mittelpunkt des Gespräches stellt. Der Personalreferent, Herr Backhaus, reagiert sehr positiv darauf, lässt es sich aber nicht nehmen, die Bereitschaft zu Auslandseinsätzen mit der Frage »Was sagt denn Ihre Familie dazu?« zu überprüfen. Herr Rolfs reagiert gelassen und betont in seiner Antwort, dass er zum einen seine beruflichen Absichten mit seiner Frau abstimmt und zum anderen, dass Auslandseinsätze für ihn und seine Familie nichts Neues sind.

Es folgt die Frage nach den beruflichen Stärken von Herrn Rolfs. Diesmal verliert er sich nicht in Allgemeinplätzen, sondern beschreibt sein Vorgehen in den bisherigen Aufgabenfeldern. Ohne dass diese Begriffe ausdrücklich genannt werden, kann der Personalreferent aus dieser Darstellung die Stärken »analytisches Vorgehen«, »sorgfältige Arbeitsweise«, »Kommunikationsgeschick« und »unternehmerisches Denken« heraushören.

An die Frage nach den besonderen Stärken des Bewerbers schließt der Fragenblock zu Erfolgen und Misserfolgen an. Herr Rolfs verweist auf die erfolgreiche Inbetriebnahme von Anlagen im Ausland. Die von ihm angeführte »bedienerfreundliche Konfiguration« stellt einmal mehr seine Soft Skills unter Beweis, hier seine Kundenorientierung. Bezüglich seiner Misserfolge verhält sich Herr Rolfs geschickt: Er stellt seine »Null-Fehler-Maxime« in den Vordergrund. So entstehen gar nicht erst Missverständnisse, und Herr Backhaus kann erkennen, dass der Bewerber an erfolgreicher Arbeit interessiert ist und Misserfolge nicht toleriert.

Auch die Frage nach der kurzen Verweildauer beim früheren Arbeitgeber *Maschinenbau GmbH* bringt den Bewerber diesmal nicht aus dem Konzept. Er geht offen auf die damalige Situation ein, schließlich kann die Insolvenz der Firma Herrn Rolfs nicht angelastet werden. Trotz der entstandenen Enttäuschung, dass man Herrn Rolfs bei der Einstellung nicht die volle Wahrheit gesagt hat, arbeitet er im Interview die positiven Aspekte heraus. Er betont: »Ich möchte die Zeit nicht missen, da ich meine Kenntnisse in der innovativen Prozesssteuerung ausbauen konnte.«

Mit dieser positiven Einstellung, auch Rückschlägen gegenüber, ist es Herrn Rolfs ein Leichtes, die Frage »Sind Sie mit Ihrer beruflichen Entwicklung zufrieden?« zu beantworten. Herr Rolfs nutzt nun die Gelegenheit, seine vorbereitete Selbstpräsentation ins Spiel zu bringen und bietet einen kurzen, aber informativen Abriss seines bisherigen Werdeganges. Dabei verliert er sich weder in überflüssigen Details noch in Problemschilderungen. Er stellt deutlich heraus, dass er sich sowohl in der Schul- und Ausbildungszeit als auch in den einzelnen beruflichen Stationen immer wieder neuen Herausforderungen gestellt hat.

Wichtige Fachkenntnisse, die für die ausgeschriebene Position unverzichtbar sind, ruft Herr Rolfs dem Personalreferenten noch einmal schlagwortartig in Erinnerung. So nennt er seine Kenntnisse in der »Installation von Sondermaschinen«, seine Tätigkeiten »in den Bereichen Kundenservice, Außendienst und Konstruktionsbüro«. Die Arbeit in der internationalen Inbetriebnahme und die Automatisierung und Rationalisierung der Projektbearbeitung sind echte Überzeugungsargumente. Abgerundet wird das Profil mit der Erwähnung der Weiterbildung in den Bereichen »objektorientierte Programmierung und CAE«.

Die gute Überzeugungsarbeit wirkt, denn Herr Backhaus ist mit dem Telefoninterview hörbar zufrieden und gibt Herrn Rolfs jetzt Gelegenheit, eigene Fragen zu stellen. Dieser weiß, dass von einem interessierten Bewerber auch gezielte Fragen erwartet werden. Herr Rolfs interessiert sich für das Verhältnis von Inbetriebnahme und Service in der neuen Position. Diese Frage passt sehr gut, da Herr Rolfs schließlich zu Anfang des Telefoninterviews betont hatte, dass er seinen Arbeitgeber wechseln möchte, um häufiger im Bereich Inbetriebnahme arbeiten zu können. Dieses schlüssige Vorgehen in seiner Argumentation macht seine Wechselabsicht glaubwürdig. Der Personalreferent kann erkennen, dass Herr Rolfs nicht irgendeine Stelle sucht, sondern eine Position, die zu seinen Stärken passt.

Die Ernsthaftigkeit seiner Bewerbungsabsichten unterstreicht Herr Rolfs nochmals zum Ende des Gespräches mit dem Appell »Ich möchte nach wie vor gerne in Ihr Unternehmen wechseln.« Seine Frage nach dem Fortgang des Auswahlprozesses wird auch bereitwillig beantwortet. Herr Rolfs erhält von dem Personalreferenten die Zusage, dass es zu einem persönlichen Vorstellungsgespräch kommen wird. Seine passgenauen Antworten, die stärkenorientierte Darstellung seiner Qualifikationen und die glaubwürdigen Belege haben Herrn Rolfs den ersten Etappensieg verschafft. Wenn er im angekündigten Vorstellungsgespräch genauso souverän auftritt, dürfte ihm die neue Stelle sicher sein.

Fragen und dahinter stehende Motive

Wenn Sie die Fragen des Personalreferenten in unseren nachgezeichneten Telefoninterviews aufmerksam gelesen und für sich beantwortet haben, werden Sie sich sicher an der einen oder anderen Stelle unsicher gewesen sein, welche Absichten mit den jeweiligen Fragen verbunden waren. Damit Sie hier mehr Sicherheit bekommen, haben wir für Sie einen Fragenkatalog zusammengestellt, der Ihnen bei der Vorbereitung hilft.

Versuchen Sie in einem ersten Durchgang, die Fragen spontan zu beantworten. Wenn Ihnen nicht klar ist, in welche Richtung Ihre Antwort gehen sollte, hilft Ihnen vielleicht der Verweis auf das dahinter stehende Motiv weiter.

Häufig gestellte Fragen und dahinter stehende Motive

Beantworten Sie folgende Fragen:	Dahinter stehendes Motiv:
»Warum haben Sie sich bei uns beworben?«	Ist der Bewerber ein ungeliebter Massenbewerber?
»Wie sind Sie auf uns aufmerksam geworden?«	Handelt es sich um eine zielgerichtete Bewerbung?
»Wie ist Ihre berufliche Entwicklung verlaufen?«	Hat sich der Bewerber treiben lassen oder sein Schicksal in die eigene Hand genommen?
»Wo liegen Ihre Stärken?«	Was kann der Bewerber besonders gut?
»Haben Sie Schwächen?«	Kennt der Bewerber seine Grenzen?
»Was erwarten Sie von uns?«	Ist der Bewerber realistisch oder neigt er zu übersteigertem Anspruchsdenken?

»Wie haben Sie sich auf die neue Position vorbereitet?«	Weiß der Bewerber überhaupt, was ihn erwartet?
»Wie würden Ihre Kollegen Sie beschreiben?«	Arbeitet der Bewerber gut mit anderen zusammen?
»Was würde Ihr Vorgesetzter an Ihnen kritisieren?«	Hat der Bewerber Schwachstellen?
»Sind Sie schon einmal für Ihre Arbeit gelobt worden?«	Ist der Bewerber erfolgs- oder misserfolgsorientiert?
»Was brauchen Sie, um erfolgreich arbeiten zu können?«	Kommt der Bewerber mit dem Tagesgeschäft zurecht?
»Warum haben Sie so oft den Arbeitgeber gewechselt?«	Liegen die Gründe eher aufseiten des Bewerbers oder der entsprechenden Unternehmen?
»Warum haben Sie noch nie den Arbeitgeber gewechselt?«	Hat sich der Bewerber in der einen Stelle weiterentwickelt?
»Warum möchten Sie Ihren jetzigen Arbeitsplatz verlassen?«	Gibt es Schwierigkeiten mit Vorgesetzten, Kunden oder Kollegen?
»Gibt es einen roten Faden in Ihrer beruflichen Entwicklung?«	Verfolgt der Bewerber mittelfristige berufliche Ziele?

»Was würden Sie anders machen, wenn Sie noch einmal von vorne anfangen könnten?«

Steht der Bewerber zu sich?

Achten Sie bei allen Ihren Antworten auf einen konstruktiven und plausiblen Stil. Seien Sie nicht zu einsilbig, aber verzichten Sie auch auf Problem- und Krisenschilderungen. Gewöhnen Sie sich lieber daran, Erfolge zu thematisieren und Beispiele aus der Berufspraxis anzuführen, die Ihre Soft Skills plausibel machen.

▶ **Das sollten Sie sich merken:** Finden Sie einen Mittelweg zwischen Einsilbigkeit und Monolog. Stellen Sie Erfolge statt Problemfälle dar.

Wenn Sie weitere Anregungen und konkrete Tipps für Ihre Antworten in Telefoninterviews und Vorstellungsgesprächen suchen, können Sie sich mithilfe unseres Ratgebers *Souverän im Vorstellungsgespräch. Die optimale Vorbereitung für Um- und Aufsteiger* vorbereiten. Dort haben wir für Sie über 100 Fragen zu den Themenbereichen *Motivation der Bewerbung, berufliche Entwicklung, Informationen über das Unternehmen, private Lebensgestaltung* und *Stressfragen* zusammengestellt. Zudem finden Sie auf jede einzelne Frage eine unpassende, aber auch eine passende Antwort.

10

Telefonisch nachfassen: Bleiben Sie am Ball

Der Einsatz des Telefons ist nicht nur zu Beginn Ihrer Bewerbungsaktivitäten nützlich. Es gibt im Bewerbungsverfahren noch weitere Anlässe, die den Griff zum Hörer nahe legen. Engagieren Sie sich bei der Suche nach einem neuen Arbeitsplatz nicht nur punktuell. Belassen Sie es deshalb nicht bei einer einzigen telefonischen Bewerbung und glauben Sie nicht, dass mit dem Versand Ihrer Unterlagen alles Notwendige getan ist. Bewerber mit Ausdauer werden von den Unternehmen geschätzt. Deshalb sollten Sie telefonische Nachfassaktionen in Ihr Repertoire an Bewerbungsinstrumenten aufnehmen.

Nachfassaktionen sind aber stets schwierige Gratwanderungen. Bewerber, die Personalverantwortliche mit Anrufen und E-Mails bombardieren, werden bei diesen eine Abwehrhaltung auslösen, die ihrem Erfolg mit Sicherheit schadet. Denn es ist stets kontraproduktiv, sein Glück erzwingen zu wollen. Aber gar nichts zu tun, die Hände in den Schoß zu legen und alle weiteren Schritte der Firmenseite zu überlassen, ist ebenfalls die falsche Strategie. Hier ist von Ihnen ein sensibles Vorgehen gefragt. Bringen Sie sich in Erinnerung, ohne aufdringlich zu wirken.

Bringen Sie sich in Erinnerung

Dass die Nerven der Bewerberinnen und Bewerber während der Entscheidungsprozesse im Bewerbungsverfahren blank liegen, wissen auch Personalverantwortliche. Dennoch sind sie wenig angetan, wenn die Kandidaten versuchen, eine Entscheidung zu ihren Gunsten zu erzwingen. Natürlich ist die Ausgangssituation für so manchen Bewerber schwierig, wenn die Lage am momentanen Arbeitsplatz untragbar ist oder ein Stellenabbau droht und man einer drohenden Kündigung entgehen will. Aber vielleicht freut der Bewerber sich auch einfach nur auf die neue Herausforderung und möchte möglichst bald ins neue Unternehmen eintreten. Letztendlich gibt es viele Gründe, warum Bewerber die Entscheidung herbeisehnen.

Ein Unternehmen braucht für eine Personalentscheidung aber durchaus Zeit. Haben Sie sich auf eine Stellenanzeige beworben und Ihre Unterlagen im Anschluss an das Telefongespräch versandt, sollten Sie circa vier bis sechs Wochen abwarten. Schließlich bedeutet die Schaltung einer Stellenanzeige, dass viele Bewerbungen in der Firma eingehen, die alle gesichtet werden müssen. Nach dieser Zeit können Sie sich mit einem Telefonat in Erinnerung bringen.

Anders sieht es aus, wenn Sie sich initiativ – also ohne Stellenanzeige – beworben haben. In diesem Fall ist es günstiger, schneller zu reagieren. Zum einen stellen Sie sicher, dass Ihre Bewerbungsmappe auch den gewünschten Adressaten erreicht hat. Zum anderen halten Sie mit Ihrer »telefonischen Erinnerung« auch die Auswahlprozesse in Gang, die ja bei einer Initiativbewerbung nicht automatisch ablaufen. Mit einem Anruf signalisieren Sie, dass Sie sich nicht aus einer Laune heraus beworben haben, sondern ernsthaft an einer neuen beruflichen Aufgabe interessiert sind.

Auch wenn Sie sich mittelfristig verändern wollen, müssen Sie sich von Zeit zu Zeit in Erinnerung bringen. Hat man Ihnen bei Ihrer telefonischen Bewerbung signalisiert, dass man Ihr Profil grundsätzlich für interessant hält, aber im Moment keine Stellen frei sind, sollten Sie sich in regelmäßigen Abständen melden.

Denn nur dann weiß der Personalverantwortliche, dass Sie immer noch zur Verfügung stehen und sich nicht längst anders orientiert haben.

> **Das ist neu:** Nicht wenigen Personalverantwortlichen erscheinen Bewerber genauso wechselhaft wie das Aprilwetter. Konsequentes Vorgehen bei der Suche nach einem Arbeitsplatz ist nur selten zu finden. Es überzeugen diejenigen Bewerber, die auch nach der ersten Euphorie weiterhin ernsthaftes Interesse an den Tag legen.

Grundsätzlich bedeutet dies für Sie, ständig am Ball zu bleiben. Wichtig dabei ist, auf sich aufmerksam zu machen, ohne Firmenvertreter unter Druck zu setzen oder ihre Nerven zu strapazieren. Zeigen Sie sich hier in Ihrer Taktik sensibel, damit Ihre Nachfassaktionen auch von Erfolg gekrönt sind.

Die richtige Taktik

Manche Bewerber rufen an, um die Entscheider mit Fragen wie »Bekomme ich die Stelle?«, »Bin ich in der nächsten Runde?« oder »Glauben Sie überhaupt, dass ich mich für den Job eigne?« zu bombardieren. Aber damit begeben sie sich auf dünnes Eis, denn gäbe es bereits eine Entscheidung, wäre diese sicherlich schon allen Bewerbern mitgeteilt worden. Auch Drückerfloskeln wie »Sie werden keinen Besseren finden!« oder »Ich hab da noch was anderes laufen. Wenn Sie nicht wollen, greift eben ein anderer zu!« zeigen nur die Selbstüberschätzung des Bewerbers. Bedenken Sie an dieser Stelle bitte, dass der Bewerbungsprozess noch nicht zu Ende ist, eine Entscheidung also noch aussteht. Schon mancher Bewerber hat mit unklugem Nachhaken seine Einladung zum Vorstellungsgespräch verspielt!

▶ **Vorsicht Falle!** Setzen Sie die Personalverantwortlichen nicht unter Druck! Sie werden durch penetrantes Nachfragen keine Entscheidung erzwingen!

Auf inhaltliche Fragen oder Bitten um eine Entscheidung sollten Sie also verzichten. Es wirkt nicht sehr überzeugend, wenn Sie jetzt noch versuchen, mit aller Macht das Ruder herumzureißen. Statt hektische Aktivitäten zu entwickeln, sollten Sie Ihre Energie lieber darauf verwenden, souverän aufzutreten. Zeigen Sie Verständnis für die innerbetrieblichen Abläufe und beschränken Sie sich auf Fragen nach dem weiteren Fortgang des Bewerbungsverfahrens. Geeignete Fragen wären: »Bis wann ist mit einer Entscheidung zu rechnen?« oder »Wie ist der weitere Ablauf geplant?«

Vergessen Sie nicht, dass das Auswahlverfahren noch läuft und Sie mit einem an der Entscheidung Beteiligten sprechen. Bleiben sie daher sachlich und freundlich, denn jede telefonische Nachfassaktionen wird als weiterer Soft Skill-Test gewertet. Bewerbern, die patzig auftreten, Hektik verbreiten und ihre Ungeduld nicht zügeln können, wird man nicht zutrauen, im späteren Arbeitsalltag den Belastungen standzuhalten. Auch eine Regung von Sympathie wird man schnell zunichte machen, wenn man dem Personalverantwortlichen Vorhaltungen macht oder ihn unter Druck setzt. Zurückhaltung und die Beschränkung auf formale Fragen sind besser geeignet, um sich ohne Störfeuer in Erinnerung zu rufen.

Wenn Sie nach einem gut verlaufenen Vorstellungsgespräch telefonisch nachfassen, haben Sie schon mehr Gestaltungsmöglichkeiten. In diesem Fall können Sie sich auf den Verlauf des Gespräches beziehen. Lassen Sie aber bitte ein paar Tage nach dem persönlichen Kennenlernen vergehen, damit Ihr Anruf nicht als übereilt erscheint. Es unterstützt zudem Ihre Glaubwürdigkeit, wenn Sie die neuen Eindrücke aus dem Vorstellungsgespräch in Ruhe auf sich haben wirken lassen.

Nach Ablauf dieser Schonfrist sollten Sie Ihr Anliegen offensiv vertreten. Rufen Sie Ihren Ansprechpartner an und bedanken Sie sich für das angenehme und informative Gespräch. Weisen Sie darauf hin, dass Sie in Ihrer Entscheidung, für diese Firma tätig zu werden, nur bestärkt worden sind. Greifen Sie ein oder zwei Punkte aus dem Anforderungsprofil heraus und thematisieren Sie Ihre Erfahrungen in diesen Bereichen. So signalisieren Sie dem Personalverantwortlichen, dass es Ihnen um die neuen Aufgaben geht und nicht darum, irgendwo unterzukommen.

Fassen Sie sich bei all Ihren Nachfassaktionen kurz. Unvorbereitete Bewerber finden nicht von sich aus den Punkt, an dem ein gut verlaufenes Gespräch zu beenden ist. Vor lauter Freude, wieder mit dem wohlgesonnenen Firmenvertreter zu sprechen, wird das Gespräch oft zu breit ausgewalzt. Aber Sie wissen ja: Zeitdiebe sind gefürchtet, denn schließlich muss das Tagesgeschäft auch noch bewältigt werden, und es ist auch für einen Personalverantwortlichen unbefriedigend, wenn er einen eigentlich interessanten Kandidaten am Telefon abwürgen muss.

Bringen Sie sich daher knapp und prägnant in Erinnerung und beenden Sie das Gespräch, wenn Sie den Eindruck haben, dass alles Wesentliche gesagt wurde. So bleiben Sie als angenehmer Bewerber in Erinnerung, der auf den Punkt kommt.

Werden Sie aktiv!

Ihr Trainingsprogramm zur telefonischen Bewerbung liegt hinter Ihnen. Sie wissen jetzt, was möglich ist, aber auch, dass telefonische Bewerbungen keine Selbstläufer sind: Nur wenn Sie gut vorbereitet sind, werden Sie auch die Früchte Ihrer Mühen ernten können.

Die telefonische Bewerbung macht einen Trend sichtbar, den die Firmen schon längst erkannt haben: Eingestellt werden nur die Bewerberinnen und Bewerber, die genau wissen, was sie *können* und was sie *wollen*. Auch wenn es sich so mancher wünschen würde: Es gibt keine Zauberfee, die uns an die Hand nimmt und durchs Berufsleben führt. Es gilt stets, selbst am Ball zu bleiben. Wir wissen, dass dies nicht immer einfach ist. Gerade bei der Stellensuche zehren die unvermeidlich dazugehörigen Rückschläge und Enttäuschungen an den Nerven. Deshalb ist es besonders wichtig, dass Sie wissen, wo Ihre persönlichen Stärken liegen.

Wenn Sie die Hürde der telefonischen Bewerbung erfolgreich gemeistert haben, sollten Sie sich auf die folgenden Herausforderungen ebenfalls optimal vorbereiten. Auch zur Erarbeitung schriftlicher Unterlagen oder Vorbereitung auf Vorstellungsgespräche gibt es von uns spezielle Bewerbungsratgeber. Informationen dazu und Angebote für eine persönliche Beratung finden Sie auf unserer Homepage www.karriereakademie.de.

Für Ihre telefonischen Bewerbungen wünschen wir Ihnen viel Erfolg!

Christian Püttjer und *Uwe Schnierda*

Register

Wir sind für Sie da

Püttjer & Schnierda: Coaching und Beratung

Unsere Angebote:

- Entwicklung von Bewerbungsstrategien
- Bewerbungsmappen-Check
- Vorbereitung auf Vorstellungsgespräche
- Assessment-Center-Intensivtraining
- Karriereplanung
- Führungskräfte-Coaching

Preise und weitere Details zu den einzelnen Beratungsmodulen finden Sie im Internet unter www.karriereakademie.de

---

Püttjer & Schnierda

Raiffeisenstraße 26

24796 Bredenbek/Naturpark Westensee

Telefon (0 43 34) 18 37 87

Fax (0 43 34) 18 37 90

E-Mail team@karriereakademie.de